职业教育创新教材

传感器应用技术

张跃东　姚　卫　主　编

鲍　敏　李锦霞
　　　　　　　　副主编
林海翔　张海艳

电子工业出版社

Publishing House of Electronics Industry

北京 · BEIJING

内 容 简 介

本书遵循学生职业能力培养的基本规律,将典型传感器的基础知识和应用技术按项目进行整合,主要介绍传感器的基本概念及特性、温度测量系统、压力测量系统、物位测量系统的设计与调试,位移传感器的使用,以及各种光敏及气敏传感器的工作原理及应用。在传感器应用实例中,分别介绍传感器在机器人中的应用、传感器在楼宇智能化中的应用、车用传感器,以及传感器在医学领域中的应用。

本书内容以工程应用为载体,各项目融合常用传感器的基础知识和实际应用,知识讲解简明扼要、原理分析通俗易懂,并配备相应的插图和实践方案。在内容安排上也是由简到繁,逐步深入,便于读者理解,起到举一反三的效果。

本书可作为高职和中职电子技术应用专业、数控及自动化专业、机电一体化专业等课程的教材,也可作为机电工程技术人员的参考书和自学用书。

图书在版编目(CIP)数据

传感器应用技术 / 张跃东,姚卫主编. —北京:电子工业出版社,2015.5

ISBN 978-7-121-25293-8

Ⅰ.①传… Ⅱ.①张…②姚… Ⅲ.①传感器-高等学校-教材 Ⅳ.①TP212

中国版本图书馆 CIP 数据核字(2014)第 305557 号

策划编辑:施玉新
责任编辑:李 蕊
印　　刷:北京虎彩文化传播有限公司
装　　订:北京虎彩文化传播有限公司
出版发行:电子工业出版社
　　　　　北京市海淀区万寿路 173 信箱　邮编 100036
开　　本:787×1 092　1/16　印张:10.5　字数:268.8 千字
版　　次:2015 年 5 月第 1 版
印　　次:2023 年 7 月第 9 次印刷
定　　价:26.00 元

凡所购买电子工业出版社图书有缺损问题,请向购买书店调换。若书店售缺,请与本社发行部联系,联系及邮购电话:(010)88254888,88258888。

质量投诉请发邮件至 zlts@phei.com.cn,盗版侵权举报请发邮件至 dbqq@phei.com.cn。

本书咨询联系方式:(010)88254598,syx@phei.com.cn。

前　言

本书贯彻专业与产业、职业岗位对接，专业课程内容与职业标准对接，教学过程与生产过程对接的职教理念，在内容编排上遵循学生职业能力培养的基本规律，以真实工作任务及其工作过程为依据，整合教学内容，科学设计学习性工作任务。

全书由六个项目和传感器应用实例组成，参考学时 60 学时（含实验、实训）。项目一介绍传感器的基本概念及特性等。项目二～项目四分别介绍温度测量系统、压力测量系统、物位测量系统的设计与调试。项目五介绍位移传感器的使用。项目六介绍各种光敏及气敏传感器的工作原理及应用。传感器应用实例中介绍了传感器在机器人中的应用、传感器在楼宇智能化中的应用、车用传感器，以及传感器在医学领域中的应用。

本书项目一、项目二、传感器应用实例由江苏省南京工程高等职业学校姚卫编写，项目三由泰兴中等专业学校鲍敏编写，项目四由仪征工业学校李锦霞编写，项目五由扬州高等职业技术学校林海翔编写，项目六由连云港市高级技工学校张海艳编写。全书由江苏省南京工程高等职业学校张跃东、姚卫主编。

由于时间仓促且编者水平有限，书中难免有错误与不足，恳请广大读者批评指正。

编　者
2015 年 2 月

目　　录

上篇　传感器项目应用

项目一　认识传感器

 **项目描述**

我们生活的世界是由物质组成的，一切物质都处在永恒不停的运动之中。物质的运动形式很多，它们通过化学现象或物理现象表现出来。人们为了从外界获取信息，必须借助于感觉器官。人的体力劳动是通过人体五官（视觉、听觉、嗅觉、味觉、触觉）接收来自外界的信息，并将这些信息传递给大脑，在大脑中对这些信息进行运算、处理，然后传给肌体（如手足等）来执行某些动作。而单靠人们自身的感觉器官，在研究自然现象和规律是远远不够的。为适应这种情况，就需要传感器。因此可以说，传感器是人类五官的外延，又称为电五官。

表征物质特性或其运动形式的参数很多，根据物质的电特性，可分为电量和非电量两类。电量一般是指物理学中的电学量，如电压、电流、电阻、电容、电感等；非电量则指除电量之外的一些参数，如压力、流量、尺寸、位移量、重量、力、速度、加速度、转速、温度、浓度、酸碱度等。非电量不能直接使用一般电工仪表和电子仪器测量，因为一般电工仪表和电子仪器要求输入的信号为电量信号。在由电子计算机控制的自动化系统中，要求输入的信息也为电量信号。一些在特殊场合下的非电量，如炉内的高温、带有腐蚀性液体的液位、煤矿内瓦斯的浓度等无法进行直接测量，这也需要将非电量转换成电量进行测量。这种把被测非电量转换成与非电量有一定关系的电量，再进行测量的方法就是非电量电测法。实现这种转换的器件叫传感器。采用传感器技术的非电量电测法，是目前应用最广泛的测量技术。随着科学技术的发展，也出现了将光通量、化学量等作为可测量的传感器。现代科学技术使人类社会进入了信息时代，来自自然界的物质信息都需要通过传感器进行采集才能获取。传感器不仅充当着计算机、机器人、自动化设备的感觉器官及机电结合的接口，而且已渗透到人类生产、生活的各个领域。传感器技术对现代化科学技术、现代化农业及工业自动化的发展起到基础和支柱的作用，已被世界各国列为关键技术之一。可以说，"没有传感器就没有现代化的科学技术，没有传感器也就没有人类现代化的生活条件"，传感器技术已成为科学技术和国民经济发展水平的标志之一。

近年来，随着家电工业的兴起，传感器技术也进入了人们的日常生活之中，如电冰箱中的温度传感器、监视煤气溢出的气敏传感器、防止火灾的烟雾传感器、防盗用的光电传感器等。在机械制造业中，通过对机床的加工精度、切削速度、床身振动等许多静态、动态参数进行在线测量，可控制加工质量；在化工、电力等行业中，如果不随时对生产工艺过程中的温度、压力、流量等参数进行自动检测，在生产过程中就无法控制，甚至产生危险；在交通领域，一辆现代化汽车所用的传感器多达数十种，用以检测车速、方位、转矩、震动、油压、油量、温度等，如图 1-1 所示；在国防科研中，传感器技术用得更多，许多尖端的检测技术都是因国防工业需要而发展起来的，如研究飞机的强度，就要在机身、机翼上贴几百片应变片，并进行动态特性的测试。

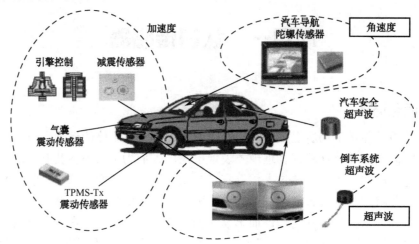

图 1-1　汽车上的传感器

 学习目标及任务描述

本项目力求通过对传感器的作用与分类、传感器的基本特性、传感器的测量误差与精度的简要介绍，使读者对传感器技术涉及的一些基本概念有一定了解。

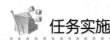 任务实施

1. 传感器的组成

传感器通常由敏感元件和测量转换电路组成，如图 1-2 所示。其中，敏感元件指传感器中能直接感受被测量的部分；传感元件指传感器中能将敏感元件输出转换为适于传输和测量的电信号部分。由于传感器输出信号一般都很脆弱，所以需要有信号调节与转换电路将其放大或转换为容易传输、处理、记录和显示的形式，这一部分一般称为测量转换电路。

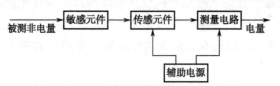

图 1-2　传感器的组成

传感器输出信号有很多形式，如电压、电流、频率、脉冲等，输出信号的形式由传感器的原理确定。常见的信号调节与转换电路有放大器、电桥、振荡器、电荷放大器等，它们分别与相应的传感器相配合。有些国家和学科领域，将传感器称为变换器、检测器或探测器等。

应该说明，并不是所有的传感器都能明显分清敏感元件、传感元件和测量转换电路三个部分，它们可能是三者合为一体。随着半导体器件与集成技术在传感器中的应用，传感器的测量转换电路可以安装在传感器的壳体里或与敏感元件一起集成在统一芯片上。例如，半导体气体传感器、湿度传感器等，它们一般都是将感受到的被测量直接转换为电信号，没有中间转换环节。

2. 传感器的定义和作用

传感器是能感受规定的被测量并按照一定规律转换成有用输出信号（一般为电信号）的器件或装置。

机电一体化技术是科学技术发展的必然产物，它使产品提高了自动化程度，提高了功能和经济效益。作为高科技代表的机电一体化系统一般由机械本体、传感器、控制装置和执行机构四部分组成。传感器将机械本体的工作状态、生产过程等工业参数转换成电量，从而便于采用控制装置使控制对象按给定的规律变化，推动执行机构适时地调整机械本体的各种工作参数，使机械本体处于自动运行状态，并实行自动监视和自动保护。显然，传感器是机械本体与控制装置的"纽带"和"桥梁"，在机电一体化系统中起着重要作用。

目前，传感器技术已成为一些发达国家的最重要的热门技术之一，其主要原因是它可以促进科学技术的飞跃发展，并给人们带来巨大的经济效益。可以说，自动化水平是衡量一个国家现代化水平的重要方面，而自动化水平是用传感器的种类、质量和数量来衡量的。

3. 传感器的分类

传感器名目繁多，分类方法不尽相同，常见的分类方式有以下几种。

1）按工作原理分类

按工作原理可以分成参量传感器、发电传感器及特殊传感器。其中，参量传感器有触点传感器、电阻式传感器、电感式传感器、电容式传感器等；发电传感器有光电池传感器、热电偶传感器、霍尔式传感器、压电式传感器、磁电式传感器等；特殊传感器是不属于以上两种类型的传感器，如数字式传感器、光纤式传感器、红外探测器、激光检测等。

这种分类方式的优点是可以把传感器按工作原理分类别的归纳起来，避免名目过多，且较为系统。

2）按被测量性质分类

按被测量性质可以分成机械量传感器、热工作量传感器、成分量传感器、状态量传感器、探伤传感器等。其中，机械量有力、长度、位移、速度、加速等；热工作量有温度、压力、流量等；成分量传感器是检测各气体、液体、固体化学成分的传感器，如检测可燃性气体泄漏的气敏传感器；状态量传感器是检测设备运行的传感器，如由干簧管、霍尔元件做成的各种接近开关；探访传感器是用来检测金属制品内部的气泡和裂缝，检测人体内部器官的病灶等的各种传感器，如超声波探头、CT探测器等。

这种分类方法对使用者比较方便，容易根据测量对象的性质来选择所需用的传感器。

3）按输出量种类分类

按输出量种类可分成模拟式传感器和数字式传感器。模拟式传感器输出与被测量成一定关系的模拟信号，如果需要与计算机配合或用数字显示，还必须经过模/数（A/D）转换电路。

数字式传感器输出的是数字量,可直接与计算机连接或作为数字显示,读取方便,抗干扰能力强。

4)按传感器的信号处理方法分类

按传感器的信号处理方法可以分成直接传感器、差动传感器和补偿传感器。直接传感器单独将被测量转换成所需要的输出信号,它的结构最简单,但灵敏度低,易受外界干扰。差动传感器把两个相同类型的直接传感器接在转换电路中,使两个传感器经受的相同干扰信号相减,而有用的被测量信号相加,从而提高了灵敏度和抗干扰能力,改善了特性曲线的线性度。补偿传感器要求显示装置的指示自动跟随被测量变化而变化,它一般把输出的电信号通过反向传感器变换成非电量,再与被测量进行比较,产生一个偏差信号。此偏差信号通过正向通路中的传感器变换成电量,经过测量、放大,然后输出供指示或记录,从而大大提高了测量精度和抗干扰能力。但这类传感器往往结构复杂,价格偏高,本书将介绍前两种结构形式的传感器。

传感器常常按工作原理及被测量性质两种分类方式合二为一进行命名,如电感式位移传感器、光电式转速计、压电式加速度计等。这种命名使被测量与传感器的工作原理一目了然,便于使用者正确使用。

4.传感器的发展趋势

1)采用新技术、新材料的传感器

传感器工作的基本原理是建立在人们不断探索与发现各种新的物理现象、化学效应和生物效应,以及具有特殊物理、化学特性的功能材料的基础上的。因而,发现新现象、反应、材料,研制新特性、功能的材料是现代传感器的重要基础,其意义也极为深远。例如,日本夏普公司利用超导技术研制成功了高温超导磁传感器,该传感器在温度为 80K 时呈超导状态。可以说超导磁传感器的出现是传感器技术的重大突破,其灵敏度比霍尔传感器高,仅低于超导量子干涉器件,制造工艺远比超导量子干涉器件简单,并可用于磁成像等技术领域。又如,人造陶瓷传感器材料可在高温环境中使用,弥补了半导体传感器材料难于承受高温的不足。另有不少有机材料的特殊功能特性,越来越受到高度重视。此外,人们在工程、生活和医学领域中,越来越要求传感器微型化。目前微型加工技术已获得高速发展,不仅有氧化、光刻、扩散、沉积等传统的微电子技术,还发展了平面电子工艺技术、各向异性腐蚀、固相键合工艺和机械分断技术等新型微加工技术,这些新技术为研制开发新型的微型传感器提供了良好的条件。例如,采用平面电子工艺技术制作的快速响应传感器,已用于检测 NH_3 和 H_2S 的快速响应变化。又如,利用各向异性腐蚀技术进行的高精度三维加工,在细小的硅片上构成孔、沟、棱锥、半球等各种形状的微机械元件。再如,固相键合工艺将两个硅片直接键合在一起,不用中间黏合剂,也不加电场,只需要表面活化处理,在室温下将两个热氧化硅片面对面接触,经过一定温变退火,就可以使两个硅片键合在一起。

2)集成传感器

集成传感器是新型传感器的重要发展方向之一。微加工技术可将敏感元件、测量电路、放大器及温度补偿元件等集成在一个芯片上,这样不仅具有体积小、质量轻、可靠性高、响应速度快、稳定等特点，而且便于批量生产，成本较低。

在各种半导体材料中，以硅为基底材料的集成传感器发展最快。硅集成传感器是硅物理效应与平面技术相结合的产品，如集成温度传感器、霍尔集成电路及扩散硅压力传感器等。

采用集成传感器可简化电路设计，减小产品体积，便于安装调试，提高可靠性并降低成本，因此很多传感器都向集成方向发展。集成传感器已广泛应用于汽车、家用电器、医疗卫生及航空航天技术中。

3）智能传感器

智能传感器有以下显著特点。

（1）自补偿功能。对信号检测过程中的非线性误差、温度变化、信号零点漂移和灵敏度漂移、响应时间延迟、噪声与交叉感应等效应的补偿功能。

（2）自诊断功能。包括接通电源时系统自检，系统工作时实现运行自检，系统发生故障时自诊断，确定故障的位置与部件等。

（3）自校正功能。包括系统中标准参数的设置与检查，量程在测试中的自动转换、被测参数的单位自动运算等。

（4）数据自动存储、分析、处理与传输。

（5）微处理器、微机和基本传感器之间具有双向通信功能，构成一个闭环工作系统。

由于智能传感器具有上述一系列显著特点，从而使智能传感器大大提高了精度，不需要采用精加工、新材料与补偿电路等，使其成本较低。此外，智能传感器可靠性高、实时性强，功能多而强，性能价格比高等特点是传感器发展的主要方向。

 拓展与提高　传感器的基本特性指标

传感器的种类繁多，测量参数、用途各异，性能参数也各不相同。一般传感器产品给出的性能参数主要是静态特性和动态特性。所谓静态特性是指被测量不随时间变化或变化缓慢的情况下，传感器输出值与输入值之间的关系，一般用数学表达式、特性曲线或表格表示。动态特性反映传感器随时间变化的响应特性。动态特性好的传感器，其输出量随时间变化的曲线与被测量随时间变化的曲线相近。实际中一般传感器产品只给出响应时间。

1. 传感器的静态特性参数

（1）测量范围和量程。测量范围是在允许误差内被测量值的范围。量程是指在正常工作条件下，传感器能够测量被测量的总范围，为上限值与下限值之差。如果某温度传感器的测量范围为-50～+300℃，则该传感器的量程为350℃。

（2）灵敏度。传感器的灵敏度是指传感器在稳态时，输出量变化量与输入量变化量的比值，用 S 表示。对于线性传感器，传感器的校准直线的斜率就是灵敏度，是一个常量；而非线性传感器的灵敏度则随输入量的不同而变化。在实际应用中，非线性传感器的灵敏度是指输入量在一定范围内输出量与输入量之比的近似值。传感器的灵敏度越高，信号处理就越简单。

（3）线性度。在稳态条件下，传感器的实际输入、输出特性曲线与理想直线之间的不吻合程度称为线性度或非线性误差。线性度通常用实际特性曲线与理想直线之间的最大偏差

ΔL_{max} 和满量程输出值 y_{max} 之比的百分数来表示。如图 1-3 所示系统的线性度 y_L 为

$$y_L=\pm\Delta L_{max}/y_{max}\times100\%$$

（4）不重复性。不重复性是指在相同条件下，传感器的输入量按同一方向做全量程多次重复测量，输出曲线的不一致程度。

（5）迟滞。迟滞现象是指传感器正向特性曲线（输入量增大）和反向特性曲线（输入量减小）的不一致程度，用 Y_H 表示。传感器的迟滞现象如图 1-4 所示。

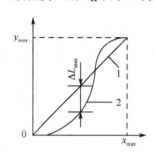 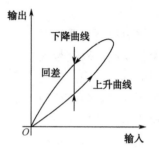

图 1-3　传感器的线性度　　　　　图 1-4　传感器的迟滞现象

（6）精确度。精确度也称为精度，它是线性度、不重复性及迟滞三项指标的综合指数，反映了系统误差和随机误差的综合指标。如果已知线性度、不重复性及迟滞，则可通过误差合成的方法求出精确度。

（7）零点时间漂移。传感器在恒定温度环境中，当输入信号不变或为零时，输出信号随时间变化的特性，称为传感器零点时间漂移，简称为零漂。零漂一般按 8h 内输出信号的变化来度量。

（8）零点温度漂移。当输入信号不变或为零时，传感器的输出信号随温度变化的特性，称为传感器零点温度漂移，简称为温漂。一般常用环境温度变化 10℃引起的输出变化量与传感器最大输出量的百分比来表示。在实际应用中，一定要考虑环境温度对传感器的影响。由于温漂的影响，传感器的灵敏度也会随温度的变化而变化。

（9）工作环境条件。在实际应用中，传感器对环境温度和湿度都有一定要求。在规定的温度和湿度条件下，传感器能够正常工作；否则，就会异常。因此，在使用传感器时，一定要考虑环境条件。

2. 传感器的动态特性

（1）响应速度。响应速度是反映传感器动态特性的一项重要参数，是传感器在阶跃信号作用下的输出特性，主要包括上升时间、峰值时间及响应时间等。它反映了传感器的稳定输出信号（在规定误差范围内）随输入信号变化的快慢。

（2）频率响应。频率响应是指传感器的输出特性曲线与输入信号的频率之间的关系，包括幅频特性和相频特性。在实际应用中，应根据输入信号的频率范围来确定适合的传感器。

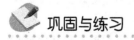 巩固与练习

1. 什么是传感器？它由哪几部分组成？

2．传感器有哪几种分类方法？实际应用中，传感器如何命名？

3．集成传感器有何优点？

4．什么是智能传感器？

5．传感器的静态特性参数有哪些？

6．传感器的动态特性参数有哪些？

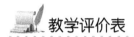 教学评价表

教学评价表

课程名称					
项目名称					
一、综合职业能力成绩					
评分项目	评分内容	配分	自评	小组评分	教师确认
任务完成	1．理论知识的掌握 2．项目原理分析 3．技能完成的质量等	60			
操作工艺	1．工具的选择和使用 2．元件的选择和应用 3．方法步骤正确，动作准确	20			
安全生产	1．符合操作规程 2．人员、设备安全等	10			
文明生产	遵守纪律，积极合作，工位整洁	10			
总分					
二、训练过程记录					
工具、元件选择					
操作工艺流程					
技术规范情况					
安全文明生产					
完成任务时间					
自我检查情况					
三、评语	自我整体评价		学生签名		
	教师整体评价		教师签名		

项目二　温度测量系统的设计与调试

 项目描述

　　温度是最重要的环境参数，在人民生活、工业生产及科学研究等领域中，温度的测量都占有非常重要的地位。温度传感器是利用物质各种物理性质随温度变化的规律把温度转换为电量的传感器。温度传感器是温度测量系统的核心部分，按测量方式可分为接触式和非接触式两大类，按照传感器材料及电子元件特性分为热电阻、热电偶、热敏电阻等。

 学习目标及任务描述

　　本项目主要掌握常用测温度传感器的基本结构、工作原理及应用特点；能根据工作要求正确选择、安装和使用测温传感器，并以此组成温度测量系统；了解热电偶、热电阻、热敏电阻等传感器测量温度的电路原理。

任务实施　用热电阻组成温度测量系统

【知识链接】　热电阻的材料和特性

　　热电阻主要是利用金属材料的阻值随温度的升高而增大的特性来测量温度的。温度升高，金属内部原子晶格的振动加剧，从而使金属内部的自由电子通过金属导体时的阻力增大，宏观上表现出电阻率变大，总电阻增加。

　　热电阻传感器主要用于中、低温度（−200～650℃或850℃）范围的温度测量。常用的工业标准化热电阻有铂热电阻、铜热电阻和镍热电阻。

　　1）铂热电阻

　　铂热电阻主要用于高精度的温度测量和标准测温装置。铂热电阻性能非常稳定，测量精度高，但价格较贵，其测温范围为−200～850℃。

　　铂热电阻是利用铂丝的电阻值随着温度的变化而变化这一基本原理设计和制作的，按0℃时的电阻值 R（℃）的大小分为10Ω（分度号为Pt10）和100Ω（分度号为Pt100）等，测温范围均为−200～850℃。10Ω铂热电阻的感温元件是用较粗的铂丝绕制而成的，耐温性能明显优于100Ω的铂热电阻，主要用于650℃以上的温区。100Ω铂热电阻主要用于650℃以下的温区，虽也可用于650℃以上温区，但在650℃以上温区不允许有A级误差。100Ω铂热电阻的分辨率比10Ω铂热电阻的分辨率大10倍，对二次仪表的要求相应低一个数量级，因此在650℃以下温区测温应尽量选用100Ω铂热电阻。

　　2）铜热电阻

　　如果测量精度要求不是很高，测量温度小于150℃时，可选用铜热电阻。铜热电阻的测

量范围是-50～150℃，铜热电阻价格便宜、易于提纯、复制较好；在测温范围内，线性较好，电阻温度系数比铂大，但电阻率比铂小，在温度稍高时，易于氧化，只能用于 150℃以下的温度测量。铜热电阻测温范围较窄，体积较大，所以适用于对测量精度敏感元件尺寸要求不是很高的场合。

目前铂热电阻和铜热电阻都已标准化和系列化，选用较方便。

3）镍热电阻

镍热电阻的测温范围为-100～300℃，它的温度系数较高，电阻率较大，但它易氧化，化学稳定性差，不易提纯，复制性差，非线性较大，因此目前应用不多。

几种主要工业用热电阻材料特性如表 2-1 所示。

表 2-1　几种主要工业用热电阻材料特性

材料名称	电阻率（$\Omega \cdot mm^2 \cdot m^{-1}$）	测温范围（℃）	电阻丝直径（mm）	特　性
铂	0.0981	−200～650	0.03～0.07	近似线性，性能稳定，精度高
铜	0.07	−50～150	0.1	线性，低温测量
镍	0.12	−100～300	0.05	近似线性

【看一看】 热电阻传感器的结构形式

1. 普通热电阻

电阻传感器一般由测温元件（电阻体）、保护管和接线盒三部分组成，如图 2-1 所示。铜热电阻的感温元件通常用 0.1mm 的漆包线或丝包线采用双线并绕在塑料圆柱体上，线外再浸入酚醛树脂起保护作用。铂热电阻的感温元件一般用 0.03～0.07mm 的铂丝绕在云母绝缘片上，云母片边缘有锯齿缺口，铂丝绕在齿缝内以防短路。绕组的两面再盖以云母片绝缘。

2. 铠装热电阻

铠装热电阻由金属保护管、绝缘材料和感温元件组成，如图 2-2 所示。其感温元件是用细铂丝绕在陶瓷或玻璃骨架上制成的。

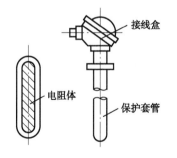
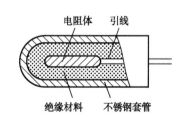

图 2-1　热电阻传感器结构图　　　　图 2-2　铠装热电阻结构示意图

铠装热电阻惰性小、响应速度快、具有良好的机械性能，可以耐强热振动和冲击，适用于高压设备测温，以及在有振动的场合和恶劣环境中使用。因为后面引线部分具有一定的柔韧性，也适于安装在结构复杂的设备上进行测温，此种热电阻寿命较长。

3. 薄膜及厚膜型铂热电阻

薄膜及厚膜型铂热电阻主要用于平面物体的表面温度和动态温度的检测，也可部分代替线绕型铂热电阻用于测温，其测温范围一般为-70～600℃。薄膜及厚膜型铂热电阻是近年来发展起来的新型测温元件。厚膜铂热电阻一般用陶瓷材料为基底，采用精密丝网印制工艺在基底上形成铂热电阻，再经焊接引线、胶封、校正电阻等工序，最后在电阻表面涂保护层而成。薄膜铂热电阻采用溅射工艺来成膜，再经光刻、腐蚀工艺形成图案，其他工艺与厚膜铂热电阻相同。

几种实际热电阻传感器产品外形图如图2-3所示。

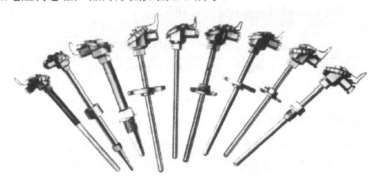

图2-3　几种实际热电阻传感器产品外形图

【做一做】　用热电阻传感器来测量温度

利用导体电阻随温度变化的特性，热电阻用于测量时，要求其材料电阻温度系数大，稳定性好，电阻率高，电阻与温度之间最好有线性关系。当温度变化时，感温元件的电阻值随温度而变化，这样就可将变化的电阻值通过测量电路转换成电信号，即可得到被测温度。

下面做一个实验，测试电路如图2-4所示。

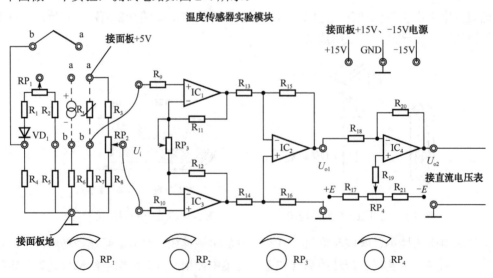

图2-4　热电阻温度传感器实验模块电路原理图

（1）利用 THSRZ-2 型传感器系统综合实验装置将温度控制在 50℃，在一个温度传感器插孔中插入另一个铂热电阻温度传感器 Pt100。

（2）将±15V 直流稳压电源接至温度传感器实验模块。温度传感器实验模块的输出 U_{o2} 接实验台直流电压表。

（3）将温度传感器实验模块上的差动放大器的输入端 U_i 短接，调节电位器 RP$_4$ 使直流电压表显示为零。

（4）按图 2-4 接线，并将 Pt100 的 3 根引线插入温度传感器实验模块中的 R$_t$ 两端（其中颜色相同的两个接线端是短路的）。

（5）拿掉短路线，将 R$_6$ 两端接到差动放大器的输入端 U_i，记下模块输出 U_{o2} 的电压值。

（6）改变温度源的温度，每隔 5℃记下 U_{o2} 的输出值，直到温度升至 120℃，并将实验结果填入表 2-2。

表 2-2　热电阻温度传感器实验数据表

T（℃）													
U_{o2}（V）													

根据表 2-2 的实验数据，做出 U_{o2}-T 曲线，分析 Pt100 的温度特性曲线，计算其非线性误差。

【工业应用】 装配式热电阻的使用与选型

1．装配式热电阻概述

工业用热电阻作为测量温度的传感器，通常和显示仪表、记录仪表和电子调节器配套使用，它可以直接测量各种生产过程中-200～+850℃范围内的液体、蒸汽和气体介质及固体表面的温度。

2．装配式热电阻原理

工业用热电阻分铂热电阻和铜热电阻两大类。受热部分（感温元件）是用细金属丝均匀地双绕在绝缘材料制成的骨架上，当被测量介质中有温度存在时，所测得的温度是感温元件周围介质中的平均温度。

3．结构

装配式热电阻主要由接线盒、保护管、接线端子、绝缘瓷珠和感温元件组成基本结构，并配以各种安装固定装置，结构如图 2-5 所示。WZ 系列装配式热电阻型号如图 2-6 所示。

接线盒　接线端子　保护管　绝缘瓷珠　感温元件

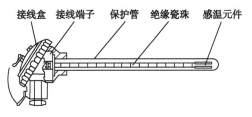

图 2-5　装配式热电阻结构图

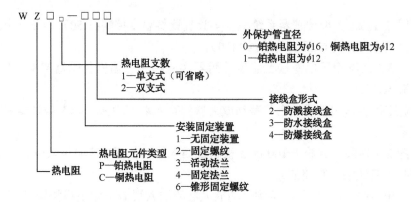

图 2-6　WZ 系列装配式热电阻型号

4．无固定装置式热电阻

无固定装置式热电阻如图 2-7 所示，性能参数如表 2-3 所示。

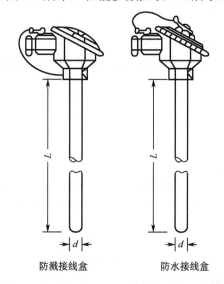

图 2-7　无固定装置式热电阻

表 2-3　无固定装置式热电阻性能参数表

热电阻类别	型　　号	分　度　号	测量范围（℃）	直径（mm）	热电响应时间 0.5τ（s）
单支铂热电阻	WZP-120	Pt100 （Pt10）	−200～650 （−200～850）	$\phi16$	<90
	WZP-121			$\phi12$	<45
	WZP-130			$\phi16$	<90
	WZP-131			$\phi12$	<45
双支铂热电阻	WZP₂-120	Pt100 （Pt10）	−200～650 （−200～850）	$\phi16$	<90
	WZP₂-121			$\phi12$	<45
	WZP₂-130			$\phi16$	<90
	WZP₂-131			$\phi12$	<45

续表

热电阻类别	型　　号	分　度　号	测量范围（℃）	直径（mm）	热电响应时间 0.5τ（s）
铜热电阻	WZC-120	Cu50 （Cu100）	-50～150	φ12	<120
	WZC-130				

注：1. 括号内做特殊规格订货。

　　2. 型号 120、121 为防溅接线盒，型号 130、131 为防水接线盒。

5. 固定螺纹式装配式热电阻

固定螺纹式装配式热电阻如图 2-8 所示，性能参数如表 2-4 所示。

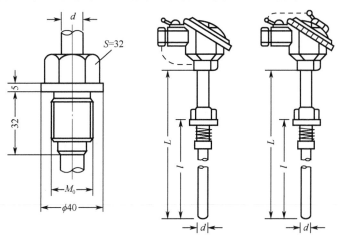

图 2-8　固定螺纹式装配式热电阻

表 2-4　固定螺纹式装配式热电阻性能参数表

热电阻类别	型　　号	分　度　号	测量范围（℃）	直径（mm）	热电响应时间 0.5τ（s）
单支铂热电阻	WZP-220	Pt100 （Pt10）	-200～650 （-200～850）	φ16	<90
	WZP-221			φ12	<45
	WZP-230			φ16	<90
	WZP-231			φ12	<45
双支铂热电阻	WZP₂-220	Pt100 （Pt10）	-200～650 （-200～850）	φ16	<90
	WZP₂-221			φ12	<45
	WZP₂-230			φ16	<90
	WZP₂-231			φ12	<45
铜热电阻	WZC-220	Cu50 （Cu100）	-50～150	φ12	<120
	WZC-230				

注：1. 括号内做特殊规格订货。

　　2. 型号 220、221 为防溅接线盒，型号 230、231 为防水接线盒。

　　3. 一般 M_0=27×2mm，如选用其他的固定螺纹应特别注明。

6. 固定法兰式装配式热电阻

固定法兰式装配式热电阻如图 2-9 所示，性能参数如表 2-5 所示。

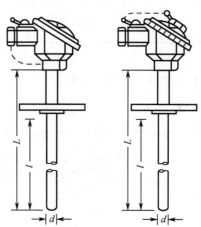

图 2-9　固定法兰式装配式热电阻

表 2-5　固定法兰式装配式热电阻性能参数表

热电阻类别	型　号	分　度　号	测量范围（℃）	直径（mm）	热电响应时间 0.5τ（s）
单支铂热电阻	WZP-420	Pt100 （Pt10）	−200～650 （−200～850）	φ16	<90
	WZP-421			φ12	<45
	WZP-430			φ16	<90
	WZP-431			φ12	<45
双支铂热电阻	WZP₂-420	Pt100 （Pt10）	−200～650 （−200～850）	φ16	<90
	WZP₂-421			φ12	<45
	WZP₂-430			φ16	<90
	WZP₂-431			φ12	<45
铜热电阻	WZC-420	Cu50 （Cu100）	−50～150	φ12	<120
	WZC-430				

型　号	固定法兰盘规格（专业标准）			
	D_0	D_1	D_2	H
WZP□-4□0	φ105	φ75	φ55	16
WZP□-4□1	φ95	φ65	φ45	16
WZP□-4□0	φ105	φ75	φ55	16

注：1. 括号内做特殊规格订货。

　　2. 型号 420、421 为防溅接线盒，型号 430、431 为防水接线盒。

　　3. 选用其他型号的固定法兰盘应特别注明。

拓展与提高　其他温度传感器

一、热电偶传感器

1．热电效应、热电偶的组成和结构

热电偶是目前工业温度测量领域里应用最广泛的传感器之一，它与其他温度传感器相比具有以下突出的优点：

① 能测量较高的温度。常用热电偶能长期用来测量 300～1300℃的温度，一般可达 -270～+2800℃，可满足一般工程测温的要求。

② 热电偶把温度转换为电势，测量方便，便于远程传输，有利于集中检测和控制。

③ 结构简单、准确可靠、性能稳定、维护方便。

④ 热容量和热惯性都很小，能用于快速测量。

1）热电效应

将两种不同导体 A、B 连成闭合回路，且两节点的温度 T、T_0 不同，则回路内将有电势产生，这种现象叫作热电效应，回路内的电势称为热电动势，简称热电势。

产生热电势的主要原因：两金属 A、B 内电子密度不同，当两金属 A、B 形成节点时，由于节点两侧存在电子密度差而发生电子扩散，使一侧失去电子带正电荷，另一侧得到电子带负电荷，最终节点两侧形成稳定的电动势。这个电动势是由于不同金属接触而形成的，所以很形象地把它称为接触电势。回路内各节点形成的接触电势共同构成热电偶的热电势。热电偶工作原理图如图 2-10 所示。

图 2-10　热电偶工作原理图

图 2-10 中热电偶的热电势近似为

$$E_{AB}(T,T_0) = \frac{K}{e}(T - T_0)\ln\frac{n_A}{n_B} \tag{2-1}$$

式中，K 为玻尔兹曼常数；T、T_0 为热电偶两节点的温度；E 为回路的电动势；n_A、n_B 为两金属 A、B 的电子密度。

两金属的电子密度近似为常数，所以由式（2-1）可得：热电偶的热电势 $E_{AB}(T_1,T_0)$ 与热电偶两节点的温度差（T_1,T_0）成正比。

若温度 T_0 已知且固定，将热电偶的热端置于待测温度中，即令 T_1 等于待测温度，则通过测量热电偶的热电势即可实现待测温度 T_1 的测量，这就是热电偶测温的基本原理。其中，组成热电偶的导体 A、B 称为热电偶的热电极；置于温度为 T_1 的被测对象中的节点称为测量端（工作端或热端）；置于参考温度为 T_0 的另一节点称为参考端（自由端或冷端）。

2）热电偶的组成和结构

热电偶在工业生产中用于温度的测量、控制。热电偶的用途、安装位置和方式的不同，

但其基本组成大致相同。

（1）普通型热电偶（工业装配式热电偶）。

一般由热电极、绝缘套管、保护套管和接线盒等几部分组成。其中，热电极、绝缘套管和接线座组成热电偶的感温元件，如图 2-11 所示。这几部分一般制成通用性部件，感温元件固定在接线盒上，其材料一般使用耐火陶瓷。

① 热电极：热电极是热电偶温度传感器的核心部分，其测量端一般采用焊接方式构成。贵金属热电极直径一般为 0.35～0.65mm，普通金属热电极直径一般为 0.5～3.2mm，热电极的长短由安装条件决定，一般为 250～300mm。

② 绝缘套管：绝缘套管用于防止两根热电极短路，通常由陶瓷、石英等材料制成。

③ 保护管：保护管套在热电极（含绝缘套管）之外，防止热电偶被腐蚀，避免火焰和气流直接冲击，提高热电偶强度。

④ 接线盒：接线盒用来固定接线座和外接导线，保护热电极免受外界环境侵蚀，保证外接导线与接线柱良好接触。接线盒一般由铝合金制成，出线孔和盖子都用垫圈加以密封，以防污物落入而影响接线的可靠性。根据被测介质温度和现场环境条件的要求，有普通型、防溅型、防水型、防爆型等不同形式。

接线盒与感温元件、保护管装配成热电偶产品，即形成相应类型的热电偶温度传感器，如图 2-12 所示。

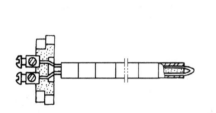

图 2-11　热电偶的感温元件

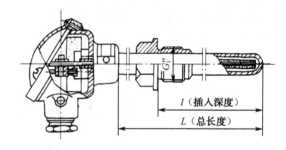

图 2-12　热电偶结构示意图

（2）铠装式热电偶（缆式热电偶）。

此种热电偶是将热电极、绝缘材料连同保护管一起拉制成型，经焊接密封和装配等工艺制成的坚实的组合体，其断面结构如图 2-13 所示。套管可长达 100m，管外径最细能达 0.25mm。分为单支式（两芯）、双支式（四芯）和三支式（六芯）几种。铠装式热电偶已实现标准化、系列化。铠装式热电偶体积小，热容量小，动作响应快；有良好的柔性，便于弯曲；强度高，抗震性能好，因此被广泛用于工业生产过程，特别是高压装置和狭窄管道温度的测量。

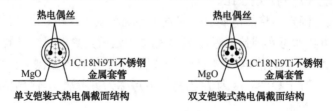

图 2-13　铠装式热电偶断面结构

根据测量端的不同，铠装式热电偶有以下几种形式。

① 碰底型：热电偶测量端和管套焊在一起，其动态响应比露头型慢，比不碰底型快。

② 不碰底型：测量端焊接并密封在管套内，热电极与管套之间绝缘，是最常用的形式。

③ 露头型：测量端暴露在管套外面，动态响应好，但仅在干燥、非腐蚀性介质中使用。

（3）薄膜热电偶。

薄膜热电偶是由两种金属薄膜连接而成的一种特殊结构电偶。它的测量端既小又薄，热容量很小，动态响应快，可用于微小面积上的温度测量，以及快速变化的表面温度的测量。

薄膜热电偶用黏合剂贴在被测表面，热损失很小，测量精度高。但由于黏合剂及衬垫材料限制，测量温度范围一般限于-200～300℃。

（4）表面热电偶。

主要用于测量各种固体表面（如金属块、炉壁、涡轮叶片等）的温度。

（5）浸入式热电偶（消耗型热电偶或快速热电偶）。

主要用于测量钢水、铝水及其他熔融金属温度。

2. 热电偶工作定律

1）均质导体定律

由一种均质导体组成的闭合回路，不论导体的截面积和长度如何，也不论各处的温度分布如何，都不能产生热电势。

2）中间导体定律

用两种金属导体 A、B 组成热电偶测量时，在测温回路中必须通过连接导线接入仪表测量温差电势 $E_{AB}(T,T_0)$，而这些导体材料和热电偶导体 A、B 的材料往往并不相同。在这种引入了中间导体的情况下，回路中的温差电势是否发生变化呢？热电偶中间导体定律指出：在热电偶回路中，只要中间导体 C 两端温度相同，那么接入中间导体 C 对热电偶回路总热电势 $E_{AB}(T,T_0)$ 没有影响。

3）中间温度定律

如图 2-14 所示，热电偶的两个节点温度为 T_1、T_2 时，热电势为 $E_{AB}(T_1,T_2)$；两节点温度为 T_2、T_3 时，热电势为 $E_{AB}(T_2,T_3)$；那么，当两节点温度为 T_1、T_3 时的热电势则为

$$E_{AB}(T_1,T_2)+ E_{AB}(T_2,T_3)=E_{AB}(T_1,T_3) \tag{2-2}$$

式（2-2）就是中间温度定律的表达式。譬如，$T_1=100℃$，$T_2=40℃$，$T_3=0℃$，则

$$E_{AB}(100,40)+E_{AB}(40,0)=E_{AB}(100,0) \tag{2-3}$$

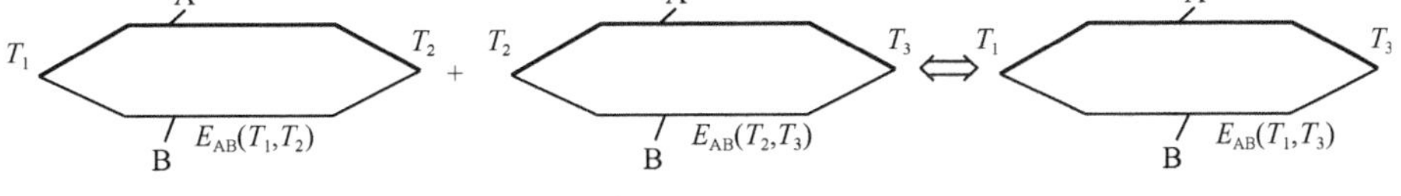

图 2-14　中间温度定律示意图

3. 热电偶的分度号及分度表

常用热电偶可分为标准热电偶和非标准热电偶两大类。非标准热电偶在使用范围或数量级

上均不及标准热电偶，一般也没有统一的分度表，主要用于某些特殊场合的测量。标准热电偶是指国家标准规定了其热电势与温度的关系、允许误差，并有统一的标准分度表的热电偶。

热电偶标准分度表是在热电偶的参考端 0℃的条件下，以列表的形式表示热电势与测量端温度的关系。我国标准热电偶从 1988 年 1 月 1 日起，全部按 IEC 国际标准生产，并指定 S、B、E、K、R、J、T 七种标准热电偶为我国统一设计型热电偶，S、B、E、K、R、J、T 即称为热电偶的分度号。热电偶的分度号是其分度表的代号。

以下介绍几种常用的热电偶。

（1）铂铑 10-铂热电偶（S 型热电偶）、铂铑 13-铂热电偶（R 型热电偶）、铂铑 30-铂铑 6 热电偶（B 型热电偶）均为贵金属热电偶。规定偶丝直径为 0.5mm，允许偏差为-0.015mm，其正、负极的化学成分为铂或铂铑合金。该热电偶长期最高使用温度为 1300℃，其中 B 型热电偶短期最高使用温度为 1800℃。

以上热电偶在热电偶系列中具有准确度高，稳定性好，测温区宽，使用寿命长等优点。不足之处是热电势较小，高温下机械强度下降，对污染非常敏感，价格昂贵。

（2）镍铬-镍硅热电偶（K 型热电偶）是目前用量最大的廉价金属热电偶。正极（KP）的名义化学成分为 Ni∶Cr=90∶10，负极（KN）的名义化学成分为 Ni∶Si=97∶3，其使用温度为-200～1300℃。

K 型热电偶具有线性度好，热电势较大，灵敏度高，稳定性和均匀性较好，抗氧化性能强，价格便宜等优点，能用于氧化性、惰性气氛中，广泛为用户采用。

（3）铜-铜镍热电偶（T 型热电偶）又称铜-康铜热电偶，也是一种最佳的测量低温的廉价金属热电偶。它的正极（TP）是纯铜，负极（TN）为铜镍合金，铜-铜镍热电偶的测温区为-200～350℃。

T 型热电偶具有线性度好，热电势较大，灵敏度较高，稳定性和均匀性较好，价格便宜等优点，特别在-200～0℃温区内使用，稳定性更好。但 T 型热电偶的正极铜在高温下抗氧化性能差，故在使用温度上限受到限制。

二、热敏电阻

热敏电阻利用半导体材料的阻值随温度的变化而变化的特性实现温度测量。与其他温度传感器相比，热敏电阻温度系数大，灵敏度高，响应迅速，测量电路简单，有些型号的传感器不用放大器就能输出几伏的电压，体积小，寿命长，价格便宜。由于本身阻值较大，因此可以不必考虑导线带来的误差，适于远距离的测量和控制。在需要耐湿、耐酸、耐碱、耐热冲击、耐震动的场合可靠性较高。它的缺点是非线性较严重，在电路上要进行线性补偿，互换性较差。

热敏电阻主要用于点温度、小温差温度的测量；远距离、多点测量与控制；温度补偿和电路的自动调节等。测温范围为-50～450℃。

热敏电阻的温度系数有正有负，按温度系数的不同，热敏电阻可分为 NTC、PTC、CTR 三类。NTC 为负温度系数的热敏电阻；PTC 为正温度系数的热敏电阻；CTR 为临界温度热敏电阻。CTR 一般也是负温度系数，但与 NTC 不同的是，在某一温度范围内，电阻值会发生急剧变化。

（1）PTC 是 Positive Temperature Coefficient 的缩写，意思是正的温度系数，泛指正温度系数很大的半导体材料或元件。通常提到的 PTC 是指正温度系数热敏电阻，简称 PTC 热敏电阻，如图 2-15 所示。PTC 热敏电阻是一种典型的具有温度敏感性的半导体电阻，超过一定的温度（居里温度）时，它的电阻值随着温度的升高呈阶跃性的增大。

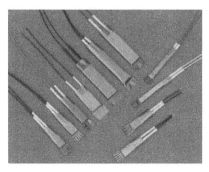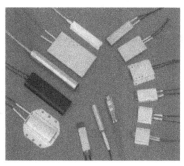

图 2-15　PTC 热敏电阻

PTC 热敏电阻根据其材质的不同分为陶瓷 PTC 热敏电阻、有机高分子 PTC 热敏电阻。

PTC 热敏电阻根据其用途的不同分为恒温加热用 PTC 热敏电阻、低电压加热 PTC 热敏电阻、空气加热用 PTC 热敏电阻、过流保护用 PTC 热敏电阻、过热保护用 PTC 热敏电阻、温度传感用 PTC 热敏电阻、延时启动用 PTC 热敏电阻。

（2）NTC 是 Negative Temperature Coefficient 的缩写，意思是负的温度系数，泛指负温度系数很大的半导体材料或元件。通常提到的 NTC 是指负温度系数热敏电阻，简称 NTC 热敏电阻，如图 2-16 所示。NTC 热敏电阻是一种典型具有温度敏感性的半导体电阻，它的电阻值随着温度的升高呈阶跃性的减小。

NTC 热敏电阻根据其用途的不同分为功率型 NTC 热敏电阻、补偿型 NTC 热敏电阻、测温型 NTC 热敏电阻。

图 2-16　NTC 热敏电阻

三、集成（IC）温度传感器

1. 模拟集成温度传感器

模拟集成温度传感器将温敏晶体管与相应的辅助电路集成在同一芯片上，它能直接给出正比于热力学温度的理想线性输出，一般用于-50～+150℃的测量。温敏晶体管利用的是管子的集电极电流恒定时，晶体管的基极—发射极电压与温度呈线性关系。为克服温敏晶体管电压产生的离散性，采用了特殊的差分电路。模拟集成温度传感器的主要特点是功能单一（仅测量温度）、测温误差小、价格低、响应速度快、传输距离远、体积小、微功耗等，适合远距离测温、控温，不需要进行非线性校准，外围电路简单。它是目前在国内外应用最普遍的一种集成传感器，典型产品有 AD590、AD592、TMP17、LM135 等。

2．智能温度传感器（数字温度传感器）

智能温度传感器是在 20 世纪 90 年代中期问世的。它是微电子技术、计算机技术和自动测试技术（ATE）的结晶。目前，国际上已开发出多种智能温度传感器系列产品。智能温度传感器内部都包含温度传感器、A/D 转换器、信号处理器、存储器（或寄存器）和接口电路。有的产品还带多路选择器、中央控制器（CPU）、随机存取存储器（RAM）和只读存储器（ROM）。智能温度传感器的特点是能输出温度数据及相关的温度控制量，适合各种微控制器（MCU），并且它是在硬件的基础上通过软件来实现测试功能的，其智能化也取决于软件的开发水平。

 巩固与练习

1．各种热电阻的测温范围及实际工程应用。

2．热敏电阻的主要用途。

3．根据表 2-2 的实验数据，作出 $U_{o2}\text{-}T$ 曲线，分析 PT100 的温度特性曲线，计算其非线性误差。

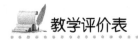 教学评价表

教学评价表

课程名称					
项目名称					
一、综合职业能力成绩					
评分项目	评分内容	配分	自评	小组评分	教师确认
任务完成	1．理论知识的掌握 2．项目原理分析 3．技能完成的质量等	60			
操作工艺	1．工具的选择和使用 2．元件的选择和应用 3．方法步骤正确，动作准确	20			
安全生产	1．符合操作规程 2．人员、设备安全等	10			
文明生产	遵守纪律，积极合作，工位整洁	10			
总分					

续表

二、训练过程记录			
工具、元件选择			
操作工艺流程			
技术规范情况			
安全文明生产			
完成任务时间			
自我检查情况			
三、评语	自我整体评价		学生签名
	教师整体评价		教师签名

项目三 压力测量系统的设计与调试

 项目描述

压力是很重要的参数，在人们生活、工业生产及科学研究等领域中，压力的测量都占有非常重要的地位。压力传感器是利用物质各种物理性质随压力变化的规律把压力转换为电量的传感器。压力传感器是工业实践中最为常用的一种传感器，其广泛应用于各种工业自控环境，涉及水利水电、铁路交通、智能建筑、生产自控、航空航天、军工、石化、油井、电力、船舶、机床、管道等众多行业。压力传感器的种类繁多，如电阻应变片压力传感器、半导体应变式压力传感器、压阻式压力传感器、电感式压力传感器、电容式压力传感器、谐振式压力传感器及电容式加速度传感器等。但应用最为广泛的是压阻式压力传感器，它具有极低的价格和较高的精度及较好的线性特性。

 学习目标及任务描述

本项目主要掌握常用压力传感器的基本结构、工作原理及应用特点；能根据工作要求正确选择、安装和使用压力传感器，并以此组成压力测量系统；了解应变式、电感式、电容式、压电式等传感器测量的电路原理。

 任务实施　**用压阻式压力传感器测量压力**

【知识链接】 压力单位与测压仪表

流体介质垂直作用于单位面积上的力称为"压强"，在工程技术上一般称它为"压力"，其法定计量单位为帕斯卡，简称帕（字母为 Pa）。常用的还有兆帕（MPa）、千帕（kPa）。惯用的非法定单位有巴（bar）、工程大气压（at）、磅每平方英寸（psi）、毫米汞柱（mmHg）、毫米水柱（mmH$_2$O）等。

受力物是物体的支持面，作用点在接触面上，方向垂直于接触面，在受力物是水平面的情况下，压力（F）=物重（G）。在这种情况下，压力的单位为牛顿（简称牛，字母为 N）。

测压仪表的种类很多。

1）液柱式压力计

它是根据流体静力学原理，将被测压力转换成液柱高度进行测量的。按其结构形式的不同有 U 形管压力计、单管压力计等

2）弹性式压力计

它是将被测压力转换成弹性元件变形的位移进行测量的。

弹性式压力计是利用各种形式的弹性元件，在被测介质压力的作用下，使弹性元件受压

后产生弹性变形的原理而制成的测压仪表。具有结构简单、使用可靠、读数清晰、牢固可靠、价格低廉、测量范围宽及有足够的精度等优点。可用来测量几百帕到数千兆帕范围内的压力。

（1）弹性元件如图 3-1 所示。弹性元件是一种简易可靠的测压敏感元件。当测压范围不同时，所用的弹性元件也不一样。

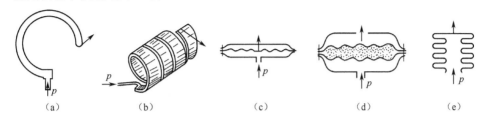

图 3-1　弹性元件示意图

弹簧管式弹性元件如图 3-1（a）和（b）所示，波纹管式弹性元件如图 3-1（e）所示，薄膜式弹性元件如图 3-1（c）和（d）所示。

（2）弹簧管压力表如图 3-2 所示。按使用的测压元件分单圈弹簧管压力表与多圈弹簧管压力表。用途普通的弹簧管压力表还有耐腐蚀的氨用压力表、禁油的氧气压力表等。

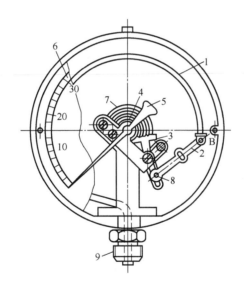

1—弹簧管；2—拉杆；3—扇形齿轮；4—中心齿轮；5—指针；6—面板；7—游丝；8—调整螺钉；9—接头

图 3-2　弹簧压力表示意图

单圈弹簧管是一根弯成 270° 圆弧的椭圆截面的空心金属管子。管子的自由端 B 封闭，另一端固定在接头 9 上。当通入被测的压力 p 后，由于椭圆形截面在压力 p 的作用下将趋于圆形，而弯成圆弧形的弹簧管也随之产生扩张变形。同时，使弹簧管的自由端 B 产生位移。输入压力 p 越大，产生的变形也越大。由于输入压力与弹簧管自由端 B 的位移成正比，所以只要测得 B 点的位移量，就能反映压力 p 的大小。

3）电气式压力计

它是通过机械和电气元件将被测压力转换成电量（如电压、电流、频率等）来进行测量的仪表。电气式压力计是一种能将压力转换成电信号进行传输及显示的仪表，其组成方框图如图 3-3 所示。

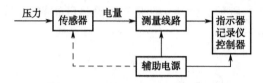

图 3-3   电气式压力计组成方框图

该仪表的测量范围较广，可测 7×10^{-5} Pa～5×10^{2} MPa 的压力，允许误差为 0.2%。由于可以远距离传送信号，所以在工业生产过程中可以实现压力自动控制和报警，并可与工业控制机配合使用。

【看一看】 压阻式压力传感器的结构形式

压阻式压力传感器利用应变片的压阻效应而构成。常见的压阻式压力传感器实物图如图 3-4 所示。

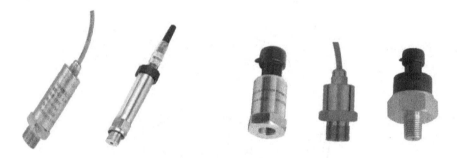

图 3-4   常见的压阻式压力传感器实物图

采用的应变片为弹性元件，在膜片上利用集成电路的工艺，在应变片的特定方向扩散一组等值电阻，并将电阻接成桥路，应变片置于传感器腔内。

当压力发生变化时，应变片产生应变，使直接扩散在上面的应变电阻产生与被测压力成比例的变化，再由桥式电路获得相应的电压输出信号。特点是精度高、工作可靠、频率响应高、迟滞小、尺寸小、质量轻、结构简单；便于实现显示数字化；可以测量压力，稍加改变，还可以测量差压、高度、速度、加速度等参数。压阻式压力传感器结构图如图 3-5 所示。

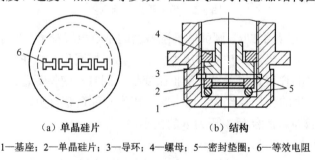

（a）单晶硅片   （b）结构

1—基座；2—单晶硅片；3—导环；4—螺母；5—密封垫圈；6—等效电阻

图 3-5   压阻式压力传感器结构图

1．电阻应变片

在了解压阻式压力传感器时，首先要认识一下电阻应变片。电阻应变片是一种将被测件上的应变变化转换成一种电信号的敏感器件，是压阻式压力传感器的主要组成部分之一。电阻应变片应用最多的是金属电阻应变片和半导体应变计两种。

金属电阻应变片又分丝状应变片和金属箔状应变片两种。通常是将应变片通过特殊的黏合剂紧密地黏合在产生力学应变的基体上，当基体受力发生应力变化时，电阻应变片也一起产生形变，使应变片的阻值发生改变，从而使加在电阻上的电压发生变化。

半导体应变计应用较普遍的有体型、薄膜型、扩散型、外延型等。体型半导体应变计是将晶片按一定取向切片、研磨、再切割成细条，粘贴于基片上制作而成。几种半导体应变计示意图如图 3-6 所示。

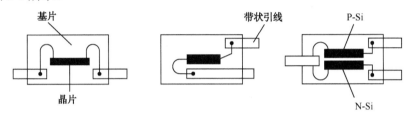

图 3-6 半导体应变计示意图

2．压阻效应与压阻系数

1）压阻效应

半导体单晶硅、锗等材料在外力作用下其电阻率将发生变化，这种效应称为压阻效应。

压阻式压力传感器有两种类型，一是利用半导体材料的体电阻制作成的应变计；二是在半导体单晶硅的基底上利用半导体集成工艺的扩散技术，将弹性敏感元件和应变元件合二为一，制成扩散硅压阻式压力传感器。这种传感器灵敏度、分辨率高，因无须胶结而使迟滞、老化、蠕变现象小，稳定性好，功耗低，散热好，易于微型化、集成一体化和智能化，但温度稳定性和线性较差。

2）压阻系数

压阻系数
$$\frac{\Delta R}{R} = (1+\mu)\varepsilon + \frac{\Delta\rho}{\rho}$$

半导体电阻率
$$\frac{\Delta\rho}{\rho} = \pi\ \sigma = \pi_1\sigma_1 + \pi_t\sigma_t$$

式中，π（或π_1、π_t）为半导体材料的压阻系数，它与半导体材料的种类，以及应力方向与晶轴方向之间的夹角有关。

$$\frac{\Delta R}{R} = (1+\mu+\pi_1 E)\varepsilon$$

对半导体材料而言，$\pi_1 E \gg (1+\mu)$，故$(1+\pi)$项可以忽略。

半导体材料的电阻值变化主要是由电阻率变化引起的，$\dfrac{\Delta R}{R} = \pi_1 E\varepsilon = \pi_1\sigma$，而电阻率$\rho$的变化是由应变引起的。

半导体单晶的应变灵敏系数可表示为 $K = \dfrac{\Delta R / R}{\varepsilon} = \pi_1 E$ 。

半导体的应变灵敏系数还与掺杂浓度有关，它随杂质的增加而减小。

3．压阻式压力传感器

压阻式压力传感器结构简图如图 3-7 所示。

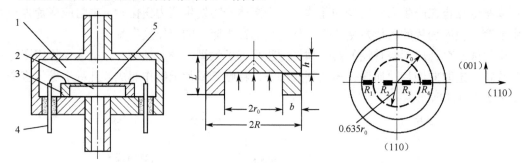

1—低压腔；2—高压腔；3—硅杯；4—引线；5—硅膜片

图 3-7   压阻式压力传感器结构简图

采用 N（或 P）型单晶硅为传感器的弹性元件，在它上面直接蒸镀半导体电阻应变薄膜。膜片两边存在压力差 p 时，膜片产生变形，膜片上各点产生应力。4 个电阻在应力作用下，阻值发生变化，电桥失去平衡，输出相应的电压，电压与膜片两边的压力差成正比。4 个电阻的配置位置：按膜片上径向应力 σ_r 和切向应力 σ_t 的分布情况确定。

扩散型压阻式压力传感器体积小，结构比较简单，动态响应好，灵敏度高，能测出十几帕的微压，长期稳定性好，滞后和蠕变小，频率响应高，便于生产，成本低。

4．测量桥路及温度补偿

测量准确度受到非线性和温度的影响。智能压阻式压力传感器利用微处理器对非线性和温度进行补偿。压阻式压力传感器的灵敏系数大，分辨率高，频率响应高，体积小。它主要用于测量压力、加速度和载荷等参数。因为半导体材料对温度很敏感，因此压阻式压力传感器的温度误差较大，必须有温度补偿。

（1）恒流源供电电桥如图 3-8 所示。

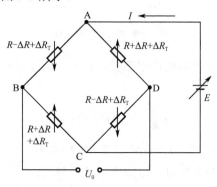

图 3-8   恒流源供电电桥

假设ΔR_T为温度引起的电阻变化。

$$I_{ABC} = I_{ADC} = \frac{1}{2}I$$

电桥的输出为

$$\begin{aligned}
U_0 &= U_{BD} \\
&= \frac{1}{2}I(R + \Delta R + \Delta R_T) - \frac{1}{2}I(R - \Delta R + \Delta R_T) \\
&= I\Delta R
\end{aligned}$$

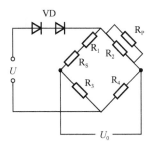

恒流源供电的全桥差动电路电桥的输出电压与电阻变化成正比，与恒流源电流成正比，但与温度无关，因此测量不受温度的影响。

（2）温度漂移及其补偿如图3-9所示。

串联电阻R_s起调零作用；并联电阻R_P起补偿作用

【做一做】　用压阻式压力传感器测量压力

下面将通过扩散硅压阻式压力传感器测量压力的实验来了解压阻式压力传感器测量压力的原理和方法。测试电路图如图3-10所示。

图3-9　温度漂移及其补偿

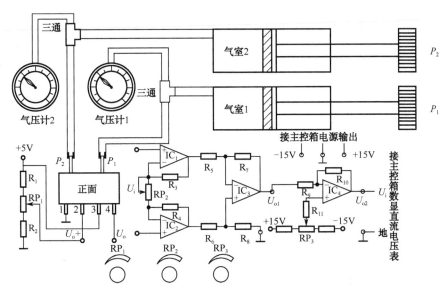

图3-10　扩散硅压阻式压力传感器实验模块电路原理图

图3-10中包括压力传感器模块、温度传感器模块、数显单元、直流稳压源+5V、±15V。

在具有压阻效应的半导体材料上用扩散或离子注入法形成4个阻值相等的电阻条，并将它们连接成惠斯通电桥。电桥电源端和输出端引出，用制造集成电路的方法封装起来，制成扩散硅压阻式压力传感器。平时敏感芯片没有外加压力作用，内部电桥处于平衡状态，当传感器受压后芯片电阻发生变化，电桥将失去平衡，给电桥加一个恒定电压源，电桥将输出与压力对应的电压信号，这样传感器的电阻变化将通过电桥转换成压力信号输出。

（1）扩散硅压力传感器 MPX10 已安装在压力传感器模块上，将气室 1、2 的活塞退到 20ml 处，并按图 3-10 接好气路系统。其中 P_1 端为正压力输入、P_2 端为负压力输入，PX10 有 4 个引出脚，1 脚接地、2 脚为 U_{o+}、3 脚接+5V 电源、4 脚为 U_{o-}；当 $P_1>P_2$ 时，输出为正；当 $P_1<P_2$ 时，输出为负。

（2）检查气路系统，分别推进气室 1、2 的两个活塞，对应的气压计显示压力值并能保持不动。

（3）接入+5V、±15V 直流稳压电源，模块输出端 U_{o2} 接主控箱数显直流电压表，选择 20V 挡，打开实验台总电源。

（4）调节 RP_2 到适当位置并保持不动，用导线将差动放大器的输入端 U_i 短路，然后调节 RP_3 使直流电压表 200mV 挡显示为零，取下短路导线。

（5）退回气室 1、2 的两个活塞，使两个气压计均指在"零"刻度处，将 MPX10 的输出接到差动放大器的输入端 U_i，调节 RP_1 使直流电压表 200mV 挡显示为零。

（6）保持负压力输入 P_2 为零不变，增大正压力输入 P_1 的压力，每隔 0.005MPa 记下模块输出 U_{o2} 的电压值。直到 P_1 的压力达到 0.095MPa，填入表 3-1。

表 3-1 实验数据记录表一

P_1（kPa）											
U_{o2}（V）											

（7）保持正压力输入 P_1 压力 0.095MPa 不变，增大负压力输入 P_2 的压力，每隔 0.005MPa 记下模块输出 U_{o2} 的电压值。直到 P_2 的压力达到 0.095MPa，填入表 3-2。

表 3-2 实验数据记录表二

P_2（kPa）											
U_{o2}（V）											

（8）保持负压力输入 P_2 压力 0.095MPa 不变，减小正压力输入 P_1 的压力，每隔 0.005MPa 记下模块输出 U_{o2} 的电压值。直到 P_1 的压力达到 0.0MPa，填入表 3-3。

表 3-3 实验数据记录表三

P_1（kPa）											
U_{o2}（V）											

（9）保持正压力输入 P_1 压力 0MPa 不变，减小负压力输入 P_2 的压力，每隔 0.005MPa 记下模块输出 U_{o2} 的电压值。直到 P_2 的压力达到 0.0MPa，填入表 3-4。

表 3-4 实验数据记录表四

P_2（kPa）											
U_{o2}（V）											

根据表 3-1、表 3-2、表 3-3 所得数据,计算压力传感器输入 P(P_1-P_2)-输出 U_{o2} 曲线。计算灵敏度 $L=\Delta U/\Delta P$,以及非线性误差 δ_f。

【工业应用】 压力传感器的使用与选型

压力传感器的种类繁多,其性能也有较大的差异,在实际应用中,应根据具体的使用场合、条件和要求,选择适用的传感器,做到经济、合理。

一、压力传感器的主要性能参数

1. 额定压力范围

额定压力范围是满足标准规定值的压力范围,也就是在最高和最低温度之间,传感器输出符合规定工作特性的压力范围。在实际应用时传感器所测压力在该范围之内。

2. 最大压力范围

最大压力范围是指传感器能长时间承受的最大压力,且不引起输出特性永久性改变。特别是半导体压力传感器,为提高线性和温度特性,一般都大幅度减小额定压力范围。因此,即使在额定压力以上连续使用也不会被损坏。一般最大压力是额定压力最高值的 2~3 倍。

3. 损坏压力

损坏压力是指能够加在传感器上且不使传感器元件或传感器外壳损坏的最大压力。

4. 线性度

线性度是指在工作压力范围内,传感器输出与压力之间为直线关系的最大偏离。

5. 压力迟滞

压力迟滞是在室温下及工作压力范围内,最小工作压力和最大工作压力趋近某一压力时的传感器输出之差。

6. 温度范围

压力传感器的温度范围分为补偿温度范围和工作温度范围。补偿温度范围是由于施加了温度补偿,精度进入额定范围内的温度范围。工作温度范围是保证压力传感器能正常工作的温度范围。

二、压力传感器使用注意事项

在压力传感器的使用上应该注意什么呢?在压力传感器使用前、使用中都应该做一个全面的检测,下面就介绍一下考虑现场压力的温度范围。

标准工业温度范围-20~85℃内采用通用性压力即可,如果超过 85℃,则考虑采用降温措施。测量压力传感器介质有无腐蚀性;考虑所测压力是否存在经常过压,如果是,则要采取防过压措施。现代传感器在原理与结构上千差万别,如何根据具体的测量目的、测量对象及测量环境合理地选用传感器,是在进行某个量的测量时首先要解决的问题。当传感器确定之后，与之相配套的测量方法和测量设备也就可以确定了。测量结果的成败，在很大程度上取决于传感器的选用是否合理。

1．根据测量对象与测量环境确定压力传感器的类型

要进行一个具体的测量工作，首先要考虑采用何种原理的传感器，这需要分析多方面的因素之后才能确定。因为即使是测量同一物理量，也有多种原理的传感器可供选用，哪一种原理的传感器更为合适，则需要根据被测量的特点和传感器的使用条件进行考虑，如量程的大小；被测位置对传感器体积的要求；测量方式为接触式还是非接触式；信号的引出方法，有线或是非接触测量；传感器的来源，国产还是进口；价格能否承受，还是自行研制。

在考虑上述问题之后就能确定选用何种类型的传感器了，然后再考虑传感器的具体性能指标。

2．灵敏度的选择

通常，在传感器的线性范围内，希望传感器的灵敏度越高越好。因为只有灵敏度高，与被测量变化对应的输出信号的值才比较大，有利于信号处理。但要注意的是，传感器的灵敏度高，容易混入与被测量无关的外界噪声，它也会被放大系统放大，影响测量精度。因此，要求传感器本身应具有较高的信噪比，尽量减少从外界引入的干扰信号。

压力传感器的灵敏度是有方向性的。当被测量是单向量，而且对其方向性要求较高时，应选择其他方向灵敏度小的传感器；如果被测量是多维向量，则要求传感器的交叉灵敏度越小越好。

3．频率响应特性

传感器的频率响应特性决定了被测量的频率范围，必须在允许频率范围内保持不失真的测量条件，实际上传感器的响应总有一定延迟，希望延迟时间越短越好。

传感器的频率响应高，可测的信号频率范围就宽，而由于受到结构特性的影响，机械系统的惯性较大，因此频率低的传感器可测信号的频率较低。

在动态测量中，应根据信号的特点（稳态、瞬态、随机等）决定响应特性，以免产生过大的误差。

4．线性范围

传感器的线性范围是指输出与输入成正比的范围。从理论上讲，在此范围内，灵敏度保持定值。传感器的线性范围越宽，其量程越大，并且能保证一定的测量精度。在选择传感器时，当传感器的种类确定以后首先要看其量程是否满足要求。

但实际上，任何传感器都不能保证绝对的线性，其线性度也是相对的。当所要求测量的精度比较低时，在一定的范围内，可将非线性误差较小的传感器近似看成线性的，这会给测量带来极大的方便。

5．稳定性

传感器使用一段时间后，其性能保持不变的能力称为稳定性。影响传感器长期稳定性的因素除传感器本身结构外，主要是传感器的使用环境。因此，要使传感器具有良好的稳定性，

必须要有较强的环境适应能力。

在选择传感器之前，应对其使用环境进行调查，并根据具体的使用环境选择合适的传感器，或采取适当的措施，减小环境的影响。

传感器的稳定性有定量指标，在超过使用期后，在使用前应重新进行标定，以确定传感器的性能是否发生变化。

在某些要求传感器能长期使用而又不能轻易更换或标定的场合，所选用的传感器稳定性要求更严格，要能够经受住长时间的考验。

6．精度

精度是传感器的一个重要的性能指针，它是关系到整个测量系统测量精度的一个重要环节。传感器的精度越高，其价格越昂贵，因此，传感器的精度只要满足整个测量系统的精度要求即可，不必选得过高。这样就可以在满足同一测量目的的诸多传感器中选择比较便宜和简单的传感器。

如果测量目的是定性分析，则选用重复精度高的传感器即可，不宜选绝对量值精度高的；如果是为了定量分析，必须获得精确的测量值，则需要选用精度等级能满足要求的传感器。对某些特殊使用场合，无法选到合适的传感器，则需自行设计制造传感器，自制传感器的性能应满足使用要求。

做好压力传感器的使用检测很重要，所以必须做如上检测，从而选择合适的压力传感器。

 拓展与提高　其他各种压力传感器的工作原理及使用

一、应变式压力传感器

应变式压力传感器利用电阻应变原理构成。电阻应变片有金属和半导体应变片两种，被测压力使应变片产生应变。当应变片产生压缩（拉伸）应变时，其阻值减小（增加），再通过桥式电路获得相应的毫伏级电势输出，并用毫伏计或其他记录仪表显示出被测压力，从而组成应变式压力计。

应变式压力传感器是常用的传感器之一，其核心元件是电阻应变计。电阻应变计也称为应变计或应变片，是一种能将机械构件上的应变变化转换为电阻变化的传感元件。

1．电阻应变计的结构

电阻应变计由基体材料、金属应变丝或应变箔、绝缘保护片和引出线等部分组成，其构造简图如图 3-11 所示。

电阻丝较细，一般为 0.015～0.06mm，其两端焊有较粗的低阻镀锡铜丝（0.1～0.2mm）作为引线，以便与测量电路连接。在图 3-11 中，l 为应变计的标距，也称（基）栅长；a 为（基）栅宽；$l×a$ 为应变计的使用面积。

排列成网状的高阻金属丝、栅状金属箔或半导体片构成的敏感栅 1，用黏合剂贴在绝缘的基片 2 上，敏感栅上贴有盖片（即保护片）3。

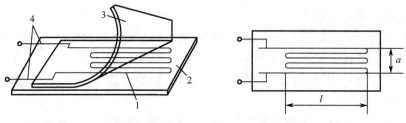

1—敏感栅；2—基片；3—盖片；4—低阻镀锡铜丝

图 3-11　电阻应变计构造简图

金属丝弯曲部分可做成圆弧、锐角或直角，如图 3-12 所示。弯曲部分做成圆弧（U）形是最早常用的一种形式，制作简单但横向效应较大。直角（H）形两端用较粗的镀银铜线焊接，横向效应相对较小，但制作工艺复杂，将逐渐被横向效应小而其他方面性能更优越的箔式应变计所代替。

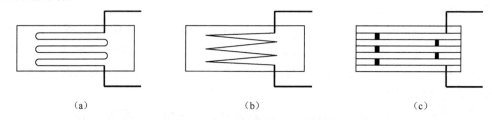

(a)　　　　　　　　　　(b)　　　　　　　　　　(c)

图 3-12　电阻应变计常见制作工艺

常用的敏感元件材料是康铜（铜镍合金）、镍铬合金、铁铬铝合金、铁镍铬合金等。常温下使用的应变计多由康铜制成。

根据不同的用途，电阻应变计的阻值可以由设计者设计，但电阻的取值范围应注意：若阻值太小，则所需的驱动电流太大，同时应变片的发热致使本身的温度过高，在不同的环境中使用时，使应变片的阻值变化太大，输出零点漂移明显，调零电路过于复杂；而如果电阻太大，则阻抗太高，抗外界的电磁干扰能力较差。一般均为几十欧至几十千欧。

2．电阻应变效应

吸附在基体材料上的应变电阻随机械形变而产生阻值变化的现象，称为电阻应变效应。金属导体的电阻值可用下式表示：

$$R = \rho \frac{L}{S}$$

式中　　σ——金属导体的电阻率（$\Omega \cdot cm^2/m$）；

　　　　S——导体的截面积（cm^2）；

　　　　L——导体的长度（m）。

以金属丝应变电阻为例，当金属丝受外力作用时，其长度和截面积都会发生变化，从上式中很容易看出，其电阻值也会发生改变。当金属丝受外力作用伸长时，其长度增加而截面积减少，电阻值便会增大。当金属丝受外力作用压缩时，其长度减小而截面积增加，电阻值则会减小。只要测出电阻的变化（通常是测量电阻两端的电压），即可获得应变金属丝的应变情况。

3. 测量电路

应变式压力传感器通常采用电桥线路将应变片的电阻变化转换成电压变化。由于应变桥路的输出信号极弱，所以还需通过放大器将信号进一步放大并进行一些必要的补偿。信号放大方式可以采用直流放大或交流放大，相应地，应变桥路可采用直流电源或交流电源供电。交流电桥的输出特性方程及其平衡条件在形式上与直流电桥类似，只是其桥臂阻抗与电源频率有关，将各桥臂阻抗代入公式后的计算要比直流电桥复杂些。

应变式压力传感器的桥路额定输出电压一般为数毫伏到数十毫伏，因此还需将其放大后再进行显示和记录。对于应用较多的直流电桥，多采用低漂移的集成运放（如 OP07 等）构成零点和增益可调的直流放大器，通常采用差动输入方式进行直流电压放大。

另外，为提高电桥稳定性和性能，还需要附设桥路初始平衡校准及补偿等附加电路。如图 3-13 所示为一个应变式压力传感器电桥电路，其中设置了多种补偿和调节电路。$R_1 \sim R_4$ 为应变片组成的电桥；R_i 用于调节电桥输入阻抗；R_a 可以调节电桥输出阻抗；A 框中为温度补偿电阻；B 框中设置有调零电路；C 框及 A 框中的 R_{et} 共同构成输出调整电阻；D 框中为两套初始平衡校准电路，RP_1、R_z 构成直流初始调零电路，RP_2、C_z 用于交流电桥时初始调零（交流相位调零）。

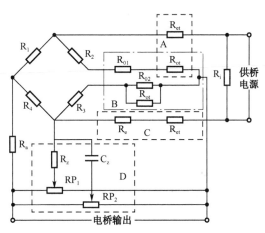

图 3-13 应变式压力传感器测量电桥电路

4. 各种应变式压力传感器

应变管式压力传感器又称应变筒式压力传感器。它的弹性敏感元件的一端为封闭的薄壁圆筒，其另一端带有法兰，与被测系统连接。在筒壁上贴有 2 片或 4 片应变片，其中一半贴在实心部分作为温度补偿片，另一半作为测量应变片。当没有压力时，4 片应变片组成平衡的全桥式电路；当压力作用于内腔时，圆筒变形成"腰鼓形"，使电桥失去平衡，输出与压力成一定关系的电压。这种传感器还可以利用活塞将被测压力转换为力传递到应变筒上或通过垂链形状的膜片传递被测压力。应变管式压力传感器的结构简单、制造方便、适用性强，在火箭弹、炮弹和火炮的动态压力测量方面有广泛应用。

膜片式压力传感器的弹性敏感元件在周边固定圆形金属平膜片。膜片受压力变形时，中心处径向应变和切向应变均达到正的最大值，而边缘处径向应变达到负的最大值，切向应变为零。因此，常把两个应变片分别贴在正、负最大应变处，并接成相邻桥臂的半桥电路，以获得较大灵敏度和温度补偿作用。采用圆形箔式应变计（见电阻应变计）则能最大限度地利用膜片的应变效果。这种传感器的非线性较显著。膜片式压力传感器的最新产品是将弹性敏感元件和应变片的作用集于单晶硅膜片一身，即采用集成电路工艺在单晶硅膜片上扩散制作电阻条，并采用周边固定结构制成固态压力传感器（见压阻式压力传感器）。

应变梁式压力传感器测量较小压力时，可采用固定梁或等强度梁的结构。可以用膜片把压力转换为力，再通过传力杆传递给应变梁。两端固定梁的最大应变位于梁的两端和中点，应变片就贴在这些地方。这种结构还有其他形式，如可采用悬梁与膜片或波纹管构成。

在组合式应变压力传感器中，弹性敏感元件可分为感受元件和弹性应变元件。感受元件把压力转换为力传递到弹性应变元件应变最敏感的部位，而应变片则贴在弹性应变元件的最大应变处。实际上较复杂的应变管式和应变梁式都属于这种形式。感受元件有膜片、膜盒、波纹管、波登管等，弹性应变元件有悬臂梁、固定梁、Π形梁、环形梁、薄壁筒等。它们之间可根据不同需要组合成多种形式。应变式压力传感器主要用来测量流动介质动态或静态压力，如动力管道设备的进出口气体或液体的压力、内燃机管道压力等。

二、电感式压力传感器

电感式压力传感器是利用被测量的变化引起线圈自感或互感系数的变化，导致线圈电感量改变来实现测量的。

1. 自感式压力传感器

如图 3-14 所示是自感式压力传感器的几种常见形式。图 3-15 为一种简单的变气隙式压力传感器，它由膜盒、线圈、铁芯和衔铁等组成。当压力加到膜盒上以后，衔铁随被测量变化而上、下移动时，铁芯气隙、磁路磁阻随之变化，引起线圈电感量的变化，然后通过测量电路转换成与位移成比例的电量，实现非电量到电量的变换。

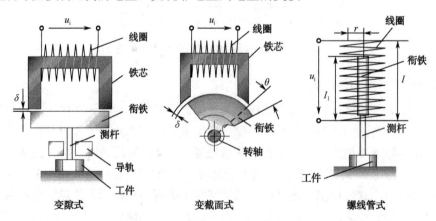

图 3-14　自感式传感器的几种常见形式

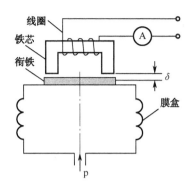

图 3-15 变气隙式压力传感器

2．差动式压力传感器

差动式压力传感器的几种常见形式如图 3-16 所示。

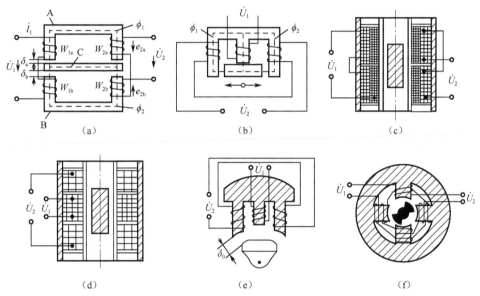

（a）、（b）变隙式差动变压器；（c）、（d）螺线管式差动变压器；（e）、（f）变面积式差动变压器

图 3-16 差动式压力传感器的几种常见形式

图 3-17 是变隙式差动压力传感器，它由线圈、衔铁、C 形弹簧管等组成。

由图 3-17 可知，变隙式差动压力传感器由两个完全相同的电感线圈合用一个衔铁和相应磁路组成。测量时，在压力的作用下，C 形弹簧管发生变形。衔铁与 C 形弹簧管相连，当 C 形弹簧管上下移动时，带动衔铁也以相同的位移上下移动，导致一个线圈的电感量增加，另一个线圈的电感量减小，形成差动。变隙式差动压力传感器与单极式电感传感器相比较，非线性大大减小，灵敏度也提高了。

为了使输出特性能得到有效改善，构成差动的两个变隙式压力传感器在结构尺寸、材料、电气参数等方面均应完全一致。

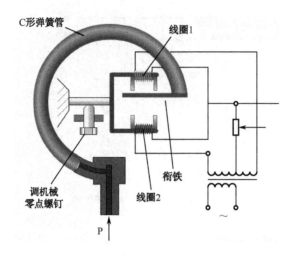

图 3-17　变隙式差动压力传感器

图 3-18 是差动变压器式压力传感器，它由差动线圈、衔铁、波纹膜盒等组成。

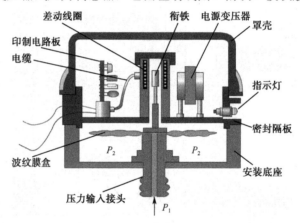

图 3-18　差动变压器式压力传感器

当没有压力输入，没有位移时，衔铁处于初始平衡位置，它与两个铁芯的间隙为 $\delta_{a0} = \delta_{b0} = \delta_0$，两个次级绕组的互感电势相等，即 $e_{2a} = e_{2b}$。由于次级绕组反向串联，因此差动变压器输出电压 $\dot{U} = e_{2a} - e_{2b} = 0$。

当有压力输入时，波纹膜盒发生形变，与之相连接的衔铁移动，位置将发生相应的变化，使 $\delta_a \neq \delta_b$，两次级绕组的互感电势 $e_{2a} \neq e_{2b}$，输出电压 $\dot{U} = e_{2a} - e_{2b} \neq 0$。电压的大小反映了被测位移的大小，通过用相敏检波等电路处理，使最终输出电压的极性能反映位移的方向。

三、电容式压力传感器

电容式压力传感器由敏感元件和转换元件为一体的电容量可变的电容器和测量电路组成。常见的电容式压力传感器如图 3-19 所示。

它结构简单，灵敏度高，动态响应特性好，适应性强，抗过载能力大，价格便宜，一般可用于测量压力、力、位移、振动、液位等，容易实现非接触测量。但其有泄漏电阻和非线性。

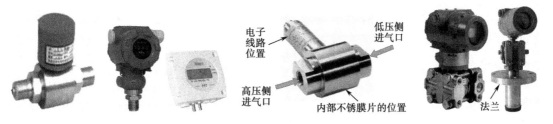

图 3-19　常见的电容式压力传感器

由物理学可知，当忽略电容器边缘效应时，对如图 3-20 所示的平行极板电容器，电容量为

$$C = \frac{\varepsilon S}{d} = \frac{\varepsilon_0 \varepsilon_r S}{d}$$

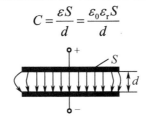

图 3-20　平行板电容器

可见，在 S、d、ε 三个参量中，改变其中任意一个量，均可使电容量 C 改变。也就是说，如果被检测参数（如位移、压力、液位等）的变化引起 S、d、ε 三个参量其中之一发生变化，就可利用相应的电容量的改变实现参数测量。据此，电容式压力传感器可分为三大类：极距变化型电容传感器、面积变化型电容传感器、介质变化型电容传感器。

压力测量：差压传感器、变面积传感器、荷重传感器利用电容敏感元件将被测压力转换成与之有一定关系的电量输出的压力传感器。它一般采用圆形金属薄膜或镀金属薄膜作为电容器的一个电极，当薄膜感受压力而变形时，薄膜与固定电极之间形成的电容量发生变化，通过测量电路即可输出与电压成一定关系的电信号。电容式压力传感器属于极距变化型电容传感器，可分为单电容式压力传感器和差动电容式压力传感器。

1. 单电容式压力传感器

它由圆形薄膜与固定电极构成。薄膜在压力的作用下变形，从而改变电容器的容量，其灵敏度大致与薄膜的面积和压力成正比而与薄膜的张力和薄膜到固定电极的距离成反比。另一种形式的固定电极取凹形球面状，膜片为周边固定的张紧平面，膜片可用塑料镀金属层的方法制成。这种形式适于测量低压，并有较高的过载能力。还可以采用带活塞动极的膜片制成测量高压的单电容式压力传感器。这种形式可减小膜片的直接受压面积，以便采用较薄的膜片提高灵敏度。它还与各种补偿、保护及放大电路整体封装在一起，以便提高抗干扰能力。这种传感器适于测量动态高压和对飞行器进行遥测。单电容式压力传感器还有传声器式（即话筒式）和听诊式等。

2. 差动电容式压力传感器

如图 3-21 所示为差动电容式压力传感器的结构图。扁环形弹性元件内腔上、下平面上分别固连电容式压力传感器的定极板和动极板。称重时，弹性元件受力变形，使动极板位移，导致传感器电容量变化，从而引起由该电容组成的振荡频率的变化。

图 3-21 中的膜片为动电极,两个在凹形玻璃上的金属镀层为固定电极,构成差动电容器。它的受压膜片电极位于两个固定电极之间,构成两个电容器。在压力的作用下一个电容器的容量增大而另一个则相应减小,测量结果由差动式电路输出。它的固定电极是在凹曲的玻璃表面上镀金属层制成的。过载时膜片受到凹面的保护而不致破裂。差动电容式压力传感器比单电容式的灵敏度高、线性度好,但加工较困难(特别是难以保证对称性),而且不能实现对被测气体或液体的隔离,因此不宜工作在有腐蚀性或杂质的流体中。

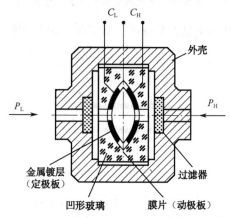

图 3-21　差动电容式压力传感器的结构图

当被测压力或压力差作用于膜片并产生位移时,所形成的两个电容器的电容量,一个增大,一个减小。该电容值的变化经测量电路转换成与压力或压力差相对应的电流或电压的变化,如图 3-22 所示。

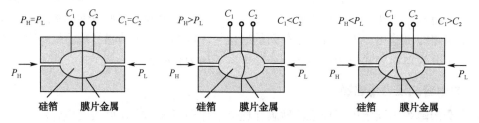

图 3-22　电容变化示意图

当 $P_H = P_L$ 时,膜片处于中间位置,$C_1 = C_2$。

当有差压作用时,测量膜片产生形变。当 $P_H > P_L$ 时,膜片朝 P_L 方向弯曲,$C_1 < C_2$;当 $P_H < P_L$ 时,膜片朝 P_H 方向弯曲,$C_1 > C_2$。将这种电容变化通过电路转换为电压变化传输到显示部分。

3．测量转换电路

如图 3-23 所示为测量转换电路。

C_x 为电容传感器,没有变化时,输出电压 $U_0 = 0$;C_x 变化时,$U_0 \neq 0$,由此可测得电容的变化值。相邻的两臂接入差动式电容传感器。空载时的输出电压为 $U_0 = -\dfrac{\Delta C}{C_0} U$。

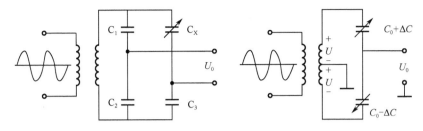

图 3-23　测量转换电路

四、压电式传感器

压电式传感器是利用压电元件直接实现力-电转换的传感器。它以某些电介质的压电效应为基础，在外力作用下，电介质表面产生电荷，从而实现外力与电荷量间的转换，达到测量非电量的目的。

1. 压电材料

石英晶体（SiO_2）俗称水晶，有天然和人工之分。目前传感器中使用的均是以居里点为 573℃、晶体的结构为六角晶系的 α-石英，其外形如图 3-24 所示，呈六角棱柱体，由 m、R、r、s、x 共 5 组 30 个晶面组成。

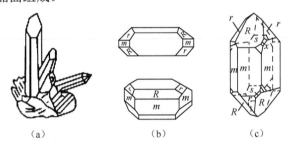

（a）　　　　　　（b）　　　　　　（c）

图 3-24　石英晶体外形

除天然和人工石英晶体外，锂盐类压电和铁电单晶如铌酸锂（$LiNbO_3$）、钽酸锂（$LiTaO_3$）、锗酸锂（$LiGeO_3$）等材料，也已在传感器技术中得到广泛应用，其中以铌酸锂为典型代表，在光电、微声和激光等器件方面都有重要应用。不足之处是质地脆、抗机械和热冲击性差。

压电陶瓷是人工多晶铁电体，原始的压电陶瓷呈现各向同性，不具有压电性，因此必须做极化处理，即在一定温度下对其施加强直流电场，迫使电畴趋向外电场方向做规则排列；极化电场去除后，趋向电畴基本保持不变，形成很强的剩余极化，从而呈现出压电性。

2. 压电效应

某些电介质沿一定方向受到外力的作用而变形时，其内部会产生极化现象，同时在它的两个相对表面上出现正、负相反的电荷，当外力去掉后，它又会恢复到不带电的状态，这种现象称为正压电效应。当外力的方向改变时，电荷的极性也随之改变。

相反，当在电介质的极化方向上施加电场时，这些电介质也会发生变形，电场去掉后，电介质的变形随之消失，这种现象称为逆压电效应，或称为电致伸缩现象。

1）石英晶体的压电效应（如图 3-25 和图 3-26 所示）

x 轴——电轴或 1 轴；y 轴——机械轴或 2 轴；z 轴——光轴或 3 轴。

"纵向压电效应"：在沿电轴（x 轴）方向的力作用下产生电荷。

"横向压电效应"：在沿机械轴（y 轴）方向的力作用下产生电荷。

在光轴（z 轴）方向则不产生压电效应。

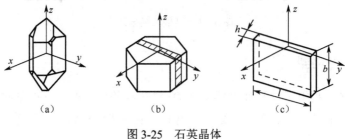

图 3-25　石英晶体

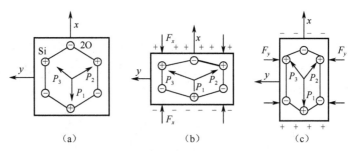

图 3-26　石英晶体压电效应示意图

当石英晶体沿 z 轴方向作用力时，由于晶体沿 x 轴方向和 y 轴方向产生同样的变形，因此石英晶体不会产生压电效应，即 $d_{xz}=0$。

未受外力作用时，正、负离子正好分布在正六边形的顶角上，形成 3 个互成 120°夹角的电偶极矩 P_1、P_2、P_3，如图 3-26（a）所示。

由于 $P=ql$，q 为电荷量，l 为正、负电荷之间的距离。此时 $P_1+P_2+P_3=0$，所以晶体表面不产生电荷，即呈中性。

当石英晶体受 x 轴向压力 F_x 作用时，如图 3-26（b）所示，P_1 减小，P_2、P_3 增大，$(P_1+P_2+P_3)_x>0$，垂直于 x 轴正向的晶体表面上出现正电荷，其相对面上出现等量负电荷。$(P_1+P_2+P_3)_y=0$、$(P_1+P_2+P_3)_z=0$，垂直于 y 轴和 z 轴的晶体表面上不出现电荷。

当石英晶体受 y 轴向压力 F_y 作用时，如图 3-26（c）所示，P_1 增大，P_2、P_3 减小，$(P_1+P_2+P_3)_x<0$，垂直于 x 轴正向的晶体表面上出现负电荷，其相对面上出现等量正电荷。$(P_1+P_2+P_3)_y=0$、$(P_1+P_2+P_3)_z=0$，垂直于 y 轴和 z 轴的晶体表面上不出现电荷。

当石英晶体受 z 轴向力作用时，因 z 轴向力与片内离子平面 xy 垂直，故不会引起离子在 xy 平面上的位移，$P_1+P_2+P_3=0$，晶体表面不会出现电荷。

2）压电陶瓷的压电效应

人工制造的多晶体的压电机理与压电晶体不同，具有类似于铁磁材料磁畴结构的电畴结构，在未极化之前各电畴的极化方向在晶体内杂乱分布，如图 3-27（a）所示，极化强度相互抵消为 0，对外呈中性，不具备压电效应。

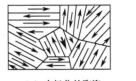 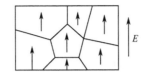 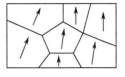

（a）未极化的陶瓷　　　　（b）正在极化的陶瓷　　　　（c）极化后的陶瓷

图 3-27　压电陶瓷极化示意图

为了使压电陶瓷具有压电效应，必须对压电陶瓷进行极化处理，即对其施加一定电压的直流电场，使晶体内各电畴的极化方向发生转动，经 2～3h 后，各电畴极化方向趋于外电场方向，从而实现极化处理。极化处理后，当外电场去掉时，晶体内还存在很强的剩余极化强度，晶体表面不出现电荷，仍保持电中性状态，但此时已具有足够强的压电效应特性。

经极化处理后的压电陶瓷，当受到外来与极化方向相同的均匀分布力作用时，在晶体两个镀银的极化面（与极化方向垂直的面）上出现大小相等、极性相反的电荷，即产生压电效应，如图 3-28 所示。

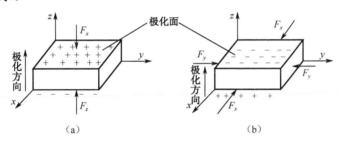

图 3-28　陶瓷片压电效应

纵向压电效应：在 z 轴方向（极化方向）作用力 F_z 下所产生的压电效应。当作用力 F_z 方向改变时，压电效应所产生的电荷极性也跟着改变，电荷量大小为 $q_{zz}=d_{zz}F_z$。

d_{zz}——纵向压电系数，下标中第 1 个 z 表示电荷平面的法线方向（极化方向），第 2 个 z 表示作用力的方向。

横向压电效应：在垂直于 z 轴方向作用力 F_x 或 F_y 下所产生的压电效应。由于 z 轴（极化方向）是压电陶瓷晶体的对称轴，垂直于 z 轴的 x 轴和 y 轴是互易的，即沿 x 轴和 y 轴方向的作用力所引起的横向压电效应是相同的。电荷极性取决于作用力的方向，其电荷量大小为 $d_{zx}=d_{zy}$。

d_{zx}、d_{xy}——横向压电系数，下标中第 1 个 z 表示电荷平面（极化面）的法线方向（极化方向），第 2 个 x 或 y 表示作用力的方向。

3. 压电式传感器

压电式传感器是一种典型的有源传感器，压电效应具有可逆性，也是一种典型的"双向传感器"。具有工作频带宽、灵敏度高、结构简单、体积小、质量轻、工作可靠等特点。适用范围广，常用于各种动态力、机械冲击、振动测量、生物医学、超声、通信、宇航等领域。其结构如图 3-29 所示。

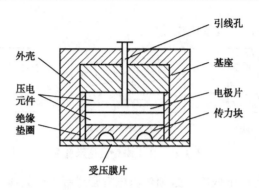

图 3-29　压电式传感器结构

　　压电式传感器的物理基础是压电效应，由压电敏感元件感受力的作用而产生电压或电荷输出，即根据输出电压或电荷的大小和极性，即可确定作用力的大小和方向。由此可见，压电式传感器可以直接用于测力，或测与力相关的压力、位移、振动加速度等。

　　图 3-30 为单向压电式测力传感器。压电元件为两片纵向压电效应的石英晶体切片，实现力与电的转换；上盖为传力元件，受力后产生弹性变形，将作用力传递到压电元件上；聚四氟乙烯绝缘套用来绝缘和定位，基座作为支承及外壳，其内外表面与晶片、电极、上盖内表面的平行度和表面光洁度都有极严格的要求。体积小、质量轻（约 10g），固有频率高（50～60kHz），最大可测动态力 105N，最小分辨率可达 1g 以下。

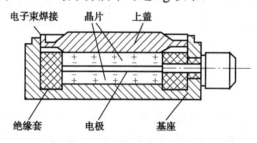

图 3-30　单向压电式测力传感器

　　压电元件为两片纵向电效应石英晶片，具有良好的线性度和长时间稳定性；作用到受压膜片上的压力通过传力块作用到压电元件上，使晶片产生厚度变形；传力块和电极片一般采用不锈钢制作，以确保压力能均匀、快速、无损耗地传递到压电元件上；外壳和机座应有足够的机械刚度，机座和传力块与晶片的接触面要有良好的平行度和光洁度，有较高的灵敏度和分辨率，测压范围宽。

　　以压电效应为基础的压电式传感器是一种具有高内阻而输出信号又很弱的有源传感器。在进行非电量测量时，为了提高灵敏度和测量精度，一般采取多片压电材料组成一个压电敏感元件，并接入高输入阻抗的前置放大器。

　　压电式传感器要求负载电阻 RL 必须有很大的数值，才能使测量误差小到一定范围以内。因此，常先接入一个高输入阻抗的前置放大器，然后再接一般的放大电路及其他电路。测量电路的关键在高阻抗的前置放大器。前置放大器有两个作用，一是把压电式传感器的微弱信号放大；二是把传感器的高阻抗输出变换为低阻抗输出。

4．压电式传感器的应用

压电式传感器主要应用在加速度、压力和力等的测量中。压电式加速度传感器是一种常用的加速度计，它具有结构简单、体积小、质量轻、使用寿命长等特点。压电式加速度传感器在飞机、汽车、船舶、桥梁和建筑的振动和冲击测量中已经得到了广泛的应用，特别在航空和宇航领域中更有特殊地位。压电式传感器也可以用来测量发动机内部燃烧压力与真空度。还可以用于军事工业，如用它来测量枪炮子弹在膛中击发的一瞬间，膛压的变化和炮口的冲击波压力。它既可以用来测量大的压力，也可以用来测量微小的压力。

压电式传感器也广泛应用在生物医学测量中，如心室导管式微音器就是由压电式传感器制成的。因为测量动态压力是如此普遍，所以压电式传感器的应用非常广泛。

压电式传感器只能够测量动态的应力。

在玻璃打碎报警装置中的应用，如图 3-31 所示。

将高分子压电测振薄膜粘贴在玻璃上，可以感受到玻璃破碎时发出的振动，并将电压信号传送给集中报警系统。使用时，用瞬干胶将其粘贴在玻璃上，在玻璃遭暴力打碎的瞬间，压电薄膜感受到剧烈振动，表面产生电荷 Q，在两个输出引脚之间产生窄脉冲报警信号。

图 3-31　报警装置中的压电式传感器

压电式周界报警系统（用于重要位置出入口、周界安全防护等）。将长的压电电缆埋在泥土的浅表层，可起分布式地下麦克风或听音器的作用，可在几十米范围内探测人的步行，对轮式或履带式车辆也可以通过信号处理系统分辨出来。

压电式动态力传感器及在车床中用于动态切削力的测量，如图 3-32 所示。

图 3-32　压电式动态力传感器

压电式动态力传感器在体育动态测量中的应用，如图 3-33 和图 3-34 所示。

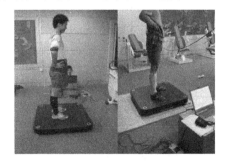

图 3-33　压电式步态分析跑台　　　　图 3-34　压电式纵跳训练分析装置

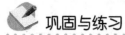 巩固与练习

1．根据表 3-1、表 3-2、表 3-3 所得数据，画出压力传感器输入 $P(P_1-P_2)$-输出 U_{o2} 曲线。计算灵敏度 $L=\Delta U/\Delta P$，以及非线性误差 δ_f。

2．应变式、电容式、电感式、压电式传感器的其他用途。

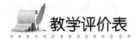 教学评价表

教学评价表

课程名称					
项目名称					
一、综合职业能力成绩					
评分项目	评分内容	配分	自评	小组评分	教师确认
任务完成	1．理论知识的掌握 2．项目原理分析 3．技能完成的质量等	60			
操作工艺	1．工具的选择和使用 2．元件的选择和应用 3．方法步骤正确，动作准确	20			
安全生产	1．符合操作规程 2．人员、设备安全等	10			
文明生产	遵守纪律，积极合作，工位整洁	10			
总分					
二、训练过程记录					
工具、元件选择					
操作工艺流程					
技术规范情况					
安全文明生产					
完成任务时间					
自我检查情况					
三、评语	自我整体评价			学生签名	
	教师整体评价			教师签名	

项目四　物位测量系统的设计与调试

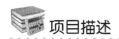 项目描述

物位是指物料相对于某一基准的位置，是液位、料位和相界面的总称。物位测量通常指对工业生产过程中封闭式或敞开式容器中物料（固体或液位）的高度进行检测，包括液位测量和料位测量，在工业自动化系统中具有重要的地位，是保证生产连续性和设备安全性的重要参数。物位测量方法主要有静压式物位测量、浮力式物位测量、电气式物位测量、声学式物位测量、射线式物位测量等。差压变送器是测量液位的主要仪器。

 学习目标及任务描述

本项目主要掌握常用物位传感器的结构、工作原理及应用，根据工作要求正确选择、安装和使用物位传感器组成物位测量系统；了解其他物位测量的方法和原理。

任务实施　**采用差压法测量液位**

【知识链接】　差压变送器的工作原理

差压变送器依据测量方法（或测量原理）和测量装置结构的不同，可以分别实现对压力、流量和液位等多种工业参数的测量。

1. 工作原理

如图 4-1 所示，将一个空间用敏感元件（多用膜盒）分割成两个腔室，分别向两个腔室引入压力时，传感器在两个压力共同作用下产生位移（或位移的趋势），这个位移和两个腔室压力差（差压）成正比，将这种位移转换成可以反映差压大小的标准信号输出。来自双侧导压管的差压直接作用于变送器传感器双侧的隔离膜片上，通过膜片内的密封液传导至测量元件上，测量元件将测得的差压信号转换为与之对应的电信号传递给转换器，经过放大等处理变为标准电信号输出。

2. 差压变送器的几种应用测量方式

（1）与节流元件相结合，利用节流元件前后产生的差压值测量液体流量，如图 4-2 所示。

（2）利用液体自身重力产生的压力差，测量液体高度，如图 4-3 所示。

（3）直接测量不同管道、罐体液体的压力差，如图 4-4 所示。

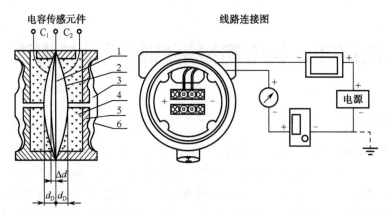

电容传感元件　　　　　　　　线路连接图

1—测量膜片；2—电容固定极板；3—灌充油；4—刚性绝缘体；5—金属基体；6—隔离膜片

图 4-1　差压变送器原理图

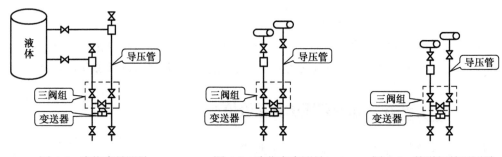

图 4-2　液体流量测量　　　　　图 4-3　液位高度测量　　　　　图 4-4　管道间差压测量

【看一看】　差压变送器的结构形式

根据工作机理，差压变送器具有多种形式，如力平衡式差压变送器、电容式差压变送器、扩散硅电子式差压变送器等，如图 4-5 所示。

（a）力平衡式差压变送器　　　　（b）电容式差压变送器　　　　（c）扩散硅电子式差压变送器

图 4-5　差压变送器的种类

1. 力平衡式差压变送器

1）工作原理

采用特制的测量器件（或敏感元件）将工件的压力（或压差）拾取出来，并利用杠杆原理形成输入力矩，再由差压变送器依据输入力矩的大小和方向产生一电磁平衡力矩与之平衡。当综合力矩达到平衡后，变送器产生一符合标准信号规定的输出信号，该输出信号与由压力（或差压）形成的输入力矩成一一对应关系，从而达到通过该信号反映压力（或压差）大小和变化规律的测量目的。

2）结构

由测量部分和转换部分组成，结构如图 4-6 所示，结构方框图如图 4-7 所示。

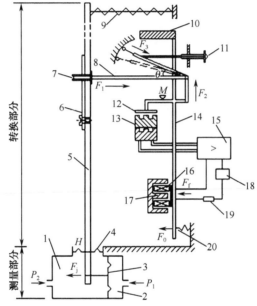

1—低压室；2—高压室；3—测量元件（膜盒、膜片）；4—轴封膜片；5—主杠杆；6—过载保护簧片；

7—静压调整杠杆；8—矢量调整机构；9—零点迁移弹簧；10—平衡锤；11—量程调整螺钉；

12—检测片（衔铁）；13—差动变压器；14—负杠杆；15—放大器；16—反馈线圈；17—永久磁铁；

18—电源；19—负载；20—调零弹簧

图 4-6　力平衡式差压变送器的结构

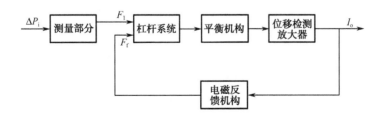

图 4-7　平衡式差压变送器结构方框图

3）特点

包括力的产生机构，结构复杂，零件较多，仪表不能做到小型化；由机构摩擦、疲劳变形、热膨胀等引起的误差不可避免；由于承受静压部分较多，静压误差也较大。

2．电容式差压变送器

1）结构

电容式差压传感器的结构如图 4-8 所示，将左右对称的不锈钢基座 2、3 的外侧加工成环状波纹沟槽，并焊上波纹隔离膜片 1、4。基座内侧有玻璃层 5，基座和玻璃层中央都有孔。玻璃层内表面磨成凹球面，球面边缘镀金属膜 6，此金属膜有导线通向外部，为电容的左右定极板。左右对称的上述结构中央夹入并焊接弹性膜片，即测量膜片 7，为电容的中央动极板。测量膜片左右空间被分割成两个室，故有两室结构之称。

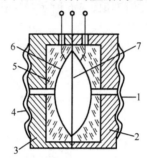

1、4—波纹隔离膜片；2、3—不锈钢基座；5—玻璃层；6—金属膜；7—测量膜片

图 4-8　电容式差压传感器的结构

2）特点

结构简单、体积小、质量轻，且精确度和可靠性高，精确度可达 0.2%。不同规格产品的外形尺寸相同，标准化、系列化程度高，装配、调整、使用方便。由于它采用开环技术，因此对测量元件和放大器的要求较高。

3．扩散硅电子式差压（压力）变送器

扩散硅电子式差压（压力）变送器采用硅杯压阻传感器作为感压元件，它具有体积小、质量轻、结构简单、稳定性好和测量精度比较高等特点。

这种变送器的感压元件由两片研磨后胶合成杯状的硅片组成，如图 4-9 所示。

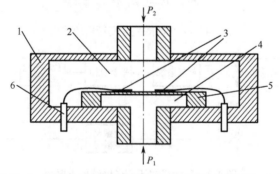

1—外壳；2—低压腔；3—电阻（扩散硅）；4—高压腔；5—硅杯；6—引线

图 4-9　扩散硅电子式差压（压力）变送器的结构

当 $P_1 \neq P_2$ 时，硅杯杯底受侧向的压力差作用而向一侧弯曲，这就使在杯底表面扩散的电阻阻值发生变化，这些变化的电阻阻值再通过电桥等电路的进一步处理，最终将待测压力或差压转换为标准信号（DC 4～20mA）输出。

【做一做】 采用差压法测量液位

在测量受压密闭容器中的液位时，由于介质上方的压力影响会产生附加静压力，所以采用差压法测液位，如图 4-10 所示。

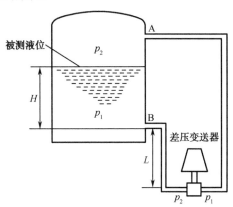

图 4-10　差压法测液位原理图

差压变送器的高压侧与容器底部的取压管相连，低压侧与液面上方容器的顶部相连。如果容器上方空间为干燥的气体，则此时差压变送器高、低压侧所感受的压力分别为

$$p_H = p + H\rho g$$

$$p_L = p$$

差压变送器所受的压差为

$$\Delta p = p_H - p_L = H\rho g$$

因此，可以根据差压变送器测得的差压按下式计算出液位的高度：

$$H = \frac{\Delta p}{\rho g}$$

下面做个实验。

实验的基本原理：差压变送器正常工作时的输出为 4～20mA，设定水箱水位为零时，差压变送器的输出为 4mA。水箱水位为满量程（400mm）时，差压变送器的输出为 20mA，根据这一原理测容器的液位如图 4-11 所示。

（1）观察过程控制系统实验装置，根据实验要求连接线，并反复检查。

（2）确定无误后通电。

（3）在水位零点，进行变送器零点调整。

（4）进行满量程调整。设定水箱上限水位，在该水位时，变送器的输出为对应的上限。由于满量程调整会影响零点，因此应反复进行零点、满量程调整，直到满足要求为止。

（5）调整水箱上水速度，使上水箱的水位缓慢上升。用调节器模块记录相应水位时的输出值。

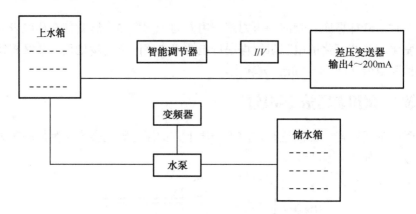

图 4-11　差压法测液位连接图

（6）正行程后，进行目标水箱的放水，进行反行程实验，记录各设定点的实验数据，填入表 4-1 中。

表 4-1　实验数据表

水位（mm）	0	50	100	150	200	250	300	350	400
实际输出（正行程）（V）									
实际输出（反行程）（V）									
理论输出（V）									
正行程误差									
反行程误差									

（7）总系统断电，拆线，整理。

（8）根据表 4-1，推测系统的测量精度，并绘制对应的输入-输出特性曲线。

根据上、下限对应点，推导水位和变送器输出（电压）的对应关系。

【工业应用】　差压变送器的使用与选型

差压变送器在生活、生产中都有很大的用途，了解更多关于差压变速器的知识对于其使用及维护都有很大的帮助，下面就介绍一下关于差压变速器选型及使用的知识。

差压变送器的作用很广，主要的工作原理是：测量液体、气体和蒸汽的液位、密度和压力，然后将其转变成 DC 4～20mA 的电流信号输出。在测量的时候，选型非常重要。下面就根据日常需求的选择标准，简单介绍差压变送器该如何选型。

（1）选择差压变送器要注意测量范围、需要的精度及测量功能，这关系到测量的准确度。

（2）要注意差压变送器需要测量的环境，也就是介质的材料，如石油化工的工业环境，有可燃（有毒）和爆炸危险气氛的存在，有较高的环境温度等。

（3）还要根据被测介质的物理、化学性质和状态，如强酸、强碱、黏稠、易凝固结晶和汽化等工况进行选择。

（4）差压变送器很容易因外界调节影响测量精度。也就是在选型的时候需要注意操作条件的变化，如介质温度、压力、浓度的变化。有时还要考虑到从开车到参数达到正常生产时，气相和液相浓度和密度的变化。

（5）使用差压变送器时，要注意被测对象容器的结构、形状、尺寸、容器内的设备附件及各种进出口料管口，如塔、溶液槽、反应器、锅炉汽包、立罐、球罐等。

（6）现在无论什么仪器仪表的选择都需要首先考虑环保及卫生状况。因此，在选差压变送器的时候，也不能忽视这个因素。

（7）工程仪表选型要有统一的考虑，要求尽可能地减少品种规格，减少备品备件，以利于管理，还要注意工艺专利商的具体要求。

（8）根据实际的工艺情况进行选择，要考虑被测对象属于哪一类设备，如槽、罐类，槽的容积较小，测量范围不会太大，而罐的容积较大，测量范围可能较大；要看介质的物化性质及洁净程度，首选常规的差压式变送器及浮筒式液位变送器，还要对接触介质部分的材质进行选择；对有些悬浮物、泡沫等介质可用单法兰式差压变送器。有些易析出、易结晶的用插入式双法兰式差压变送器；对高黏度介质的液位及高压设备的液位，由于设备无法开孔，可选用放射液位计来测量；除了测量方法上和技术上的问题外，还有仪表投资问题。

总体来讲，差压变送器及所有的仪器仪表的选型从技术上都要可行，经济上要合理，管理上要方便。而且，为了保证准确性，需要专业的人员进行选型及安装使用。

 拓展与提高 **其他物位测量方法及原理介绍**

1. 浮力式物位检测

1）恒浮力法液位测量

（1）原理：把液位的变化传给漂浮在液面上的浮子，浮子受液体的浮力而漂浮在液面上，当浮力与重量相等时，浮子的位置就代表液位，并且随液位同步移动，如图4-12所示。凯泰克KM26磁耦合液位计如图4-13所示，凯泰克KC99磁耦合液位计如图4-14所示。

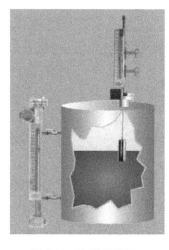

图4-12 应用原理图

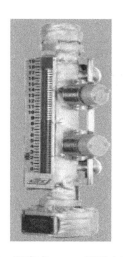

图4-13 凯泰克KM26磁耦合液位计

图4-14 凯泰克KC99磁耦合液位计

（2）浮子的形状：圆盘形、圆柱形和球形，要根据使用条件和使用要求来设计。如图 4-15 所示。

（a）扁平型附子　　（b）扁圆柱形附子　　（c）高圆柱形附子

图 4-15　三种浮子的形状

（3）使用场合：开口水箱或密闭容器的水位控制仪表。

例 4-1：浮子重锤液位计。

工作原理：浮子所受的绳子拉力、重力和浮力相等时，处于平衡状态，漂浮在液面上，平衡重锤位置反映浮子的位置，从而可知液位，如图 4-16 所示。

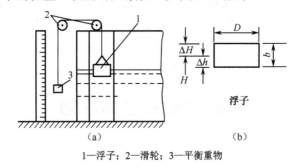

（a）　　　　　　　　　　（b）

1—浮子；2—滑轮；3—平衡重物

图 4-16　恒浮力法液位测量图

例 4-2：舌簧管式液位计。

将液位的变化转为电信号的变化，如图 4-17 所示。

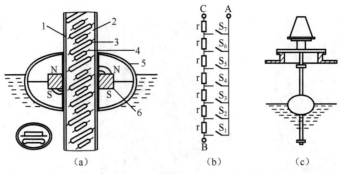

（a）　　　　　　（b）　　　　　　（c）

1—导管；2—条形绝缘板；3—舌簧管；4—电阻；5—浮子；6—磁环

图 4-17　舌簧管式液位计

特点：结构简单，采用两个舌簧管可提高可靠性，但连续性差、量程不能太大。

2）变浮力式物位检测——浮筒液位计

（1）构造与原理。

原理如图 4-18 所示，浮筒是圆柱形的，利用浮筒被液体浸没高度不同引起的浮力变化来

检测液位 H。

$$H = \frac{C}{A\rho}\Delta x$$

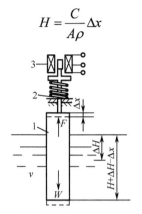

1—浮筒；2—弹簧；3—差动变压器

图 4-18 浮筒液位计

（2）使用场合：既可检测液位，也可检测界面。

2．电容式物位计——电气式（可测量液位、料位和界位）

几种常见的电容式物位计如图 4-19 所示。

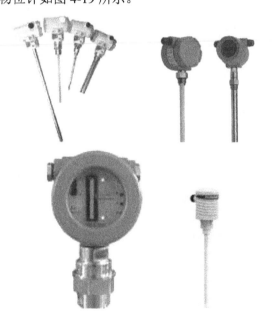

图 4-19 电容式物位计

（1）工作原理：如图 4-20 所示，圆筒形电容器的电容值随两极板之间的电介质的不同而变化，故可以通过测量电容量的变化来测量物位。由同轴圆筒电极组成的电容器的电容量为

$$C_0 = \frac{2\pi\varepsilon L}{\ln D/d}$$

D、d 固定，则介电常数 ε 和 L 的变化会引起电容变化。

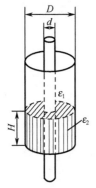

图 4-20　电容式物位计原理

（2）特点：电容式物位计一般不受真空、压力、温度等环境条件的影响；安装方便、结构牢固，易维修；价格较低。

电容式物位计不适合以下介质：介电常数随温度等影响而变化的，介质在电极上有沉积或附着，介质中有气泡产生等。

（3）使用场合：既可用于非导电液体的液位检测，也可用于固体颗粒的液位检测。

3. 声学式物位检测

超声波物位计如图 4-21 所示。

声波是一种机械波，是机械振动在介质中的传播过程，当振动频率在十几赫兹到万余赫兹时可以引起人的听觉，称为闻声波；更低频率的机械波称为次声波；20kHz 以上频率的机械波称为超声波。物位检测一般应用的都是超声波。

图 4-21　超声波物位计

声波用于物位检测主要利用了它的以下性质：

（1）和其他声波一样，超声波可以在气体、液体及固体中传播，且有各自的传播速度。

（2）声波在介质中传播时会被吸收而衰减，气体吸收最强而衰减最大，液体其次，固体吸收最小。

（3）声波传播时的方向性随声波频率的升高而变强，发射的声束也变尖锐，超声波近似直线传播，具有很好的方向性。

（4）当声波从一种介质向另一种介质传播时，因为介质密度不同，使声波传播速度不同，分界面上有反射和折射现象。

1）原理

利用声波的某些特性制成，如下所述。

（1）声波阻断式。固体、液体或气体对声波的吸收能力不同（气体最大）。由接收的超声波可知物体是否达到预定位置，可实现报警或定位检测。

（2）回波测距法。声波在介质中的传播有一定的速度，但在密度不同的介质分界面处会产生反射和折射。从发射声波到收到反射回波的时间间隔与分界面位置有关，从而测得物位。

2）分类（针对回波测距法）

分为固介式、液介式、气介式。

3）组成

超声换能器，由压电材料制成，完成电能和超声能的可逆转换，可以是接、收分开的双探头方式，也可以是自发自收的单探头方式。

电子装置，用于产生电信号以激励超声换能器发射超声波，并接收和处理经超声换能器转换的电信号。

例 4-3：如图 4-22 为液介式超声波物位计的测量原理。

超声波换能器到液面的距离 H 可由下式求出：

$$I=I_0e^{-\mu H}$$

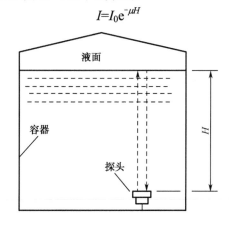

图 4-22　液介式超声波物位计的测量原理图

4）特点

使用范围广，液位、粉末、块状的物位都可测量，且可实现非接触测量，电路复杂，价格高，检测精度与介质温度、介质成分有关。

4．射线式物位检测

1）测量原理

如图 4-23 所示，射线在穿透物质时，它的强度随物质层的厚度指数降低，只要测出通过物质前后的辐射强度，就可知厚度（物位）。射线射入一定厚度的介质时，其强度与厚度的关系为

$$H = \frac{1}{2}\upsilon t$$

由于射线的可穿透性，常用于情况特殊或环境条件恶劣的场合，实现非接触式检测，如位移、材料厚度、流体密度、流量和物位等的检测。

2）特点

具有非接触式测量的特点，可用于高温高压、真空密闭等各种容器中液体或固体物料的物位测量；可适应腐蚀、有毒、高黏度、爆炸性等各种困难介质和高温、高湿、多粉尘、强干扰等恶劣的工作条件。其放射性安全防护措施需按有关规范操作。

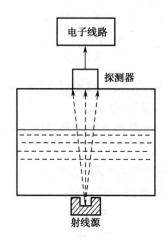

图 4-23　射线式物位检测原理图

3）使用场合

可实现完全的非接触测量；适用于低温、高温、高压容器的高黏度、高腐蚀性、易燃、易爆等特殊对象的物位检测；射线对人体有害，选用时应慎重。

 巩固与练习

一、选择

1．物位测量仪表是指对物位进行（　　　）的自动化仪表。

（A）测量　　　（B）报警　　　（C）测量和报警　　　　（D）测量、报警和自动调节

2．物位是指（　　　）。

（A）液位　　　（B）料位　　　（C）界位　　　　（D）以上都是

3．按（　　　）区分，物位测量仪表可分为直读式、浮力式、静压式、电磁式、声波式等。

（A）工作原理　　　（B）仪表结构　　　（C）仪表性能　　　（D）工作性质

4．静压式液位计是根据流体（　　　）原理工作的，它可分为压力式和差压式两大类。

（A）静压平衡　　　（B）动压平衡　　　（C）能量守恒　　　（D）动量平衡

5．恒浮力式液位计是根据（　　　）随液位的变化而变化来进行液位测量的。

（A）浮子（浮球、浮标）的位置　　　　（B）浮筒的浮力

（C）浮子的浮力　　　　（D）浮筒的位置

二、问答题

1．简述差压变送器的工作原理。

2．根据表 4-1 中的实验数据，绘制输入-输出特性曲线，算出液位的高度。

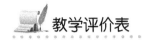教学评价表

教学评价表

课程名称					
项目名称					

一、综合职业能力成绩

评分项目	评分内容	配分	自评	小组评分	教师确认
任务完成	1. 理论知识的掌握 2. 项目原理分析 3. 技能完成的质量等	60			
操作工艺	1. 工具的选择和使用 2. 元件的选择和应用 3. 方法步骤正确，动作准确	20			
安全生产	1. 符合操作规程 2. 人员、设备安全等	10			
文明生产	遵守纪律，积极合作，工位整洁	10			
总分					

二、训练过程记录

工具、元件选择	
操作工艺流程	
技术规范情况	
安全文明生产	
完成任务时间	
自我检查情况	

三、评语	自我整体评价		学生签名
	教师整体评价		教师签名

项目五　位移传感器的使用

 项目描述

位移是和物体的位置在运动过程中的移动有关的量。它是一种重要的物理参数，在生产、生活及科学研究等领域中都涉及位移的测量。位移传感器又称为线性传感器，是利用传感电路将位移的变化量转换为电量变化量的传感器。按照测量原理可以分为电感式位移传感器、电容式位移传感器、光电式位移传感器、超声波式位移传感器、霍尔式位移传感器等。

学习目标及任务描述

本项目主要了解常用位移传感器的基本结构，工作原理及应用特点，并能根据实际测量需要正确选择和使用合适的位移传感器。掌握差动变压器传感器测量位移的原理与方法。

 任务实施　**用差动变压器传感器测量位移**

【知识链接】　差动变压器的结构形式

差动变压器的基本组成部分包括一次绕组、二次绕组和衔铁三部分。其中一次绕组为原绕组，两个二次绕组为副绕组，铁芯放在线框中央的圆柱形孔中。在原绕组中施加交流电压时，两个副绕组中会产生感应电动势 e_1 和 e_2。如果两个副绕组按反向串联（见图 5-1），则它的总输出电压 $u_2=u_{21}-u_{22}\approx e_1-e_2$。当铁芯处在中央位置时，由于对称关系，$e_1=e_2$，输出电压 $u_2=0$。如果铁芯向右移动，则穿过副绕组 2 的磁通将比穿过副绕组 1 的磁通多，于是感应电动势 $e_2>e_1$，差动变压器输出电压 u_2 不等于零。差动变压器的输出特性曲线如图 5-2 所示，图中 E_{21}、E_{22} 分别为两个二次绕组的输出感应电动势，E_2 为差动输出电动势，x 表示衔铁偏离中心位置的距离。其中 E_2 的实线表示理想的输出特性，而虚线表示实际的输出特性。E_0 为零点残余电动势，这是由于差动变压器制作上的不对称及铁芯位置等因素造成的。差动整流电路有电流输出型和电压输出型，前者用于连接低阻抗负载的场合，后者则用于连接高阻抗负载的场合。

差动变压器传感器的优点：测量精度高，可达 0.1μm；线性范围大，可到±100mm；稳定性好，使用方便。被广泛应用于直线位移，或转换为位移变化的压力、质量等参数的测量。

差动变压器按照测量方式不同可以分为变气隙式、螺管式和变面积式三类，如图 5-3～图 5-5 所示。

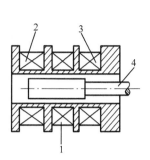

1—一次绕组；2、3—二次绕组；4—衔铁

图 5-1　差动变压器结构图

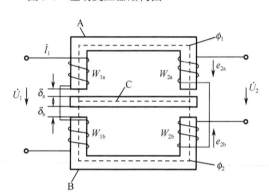

图 5-2　差动变压器输出特性

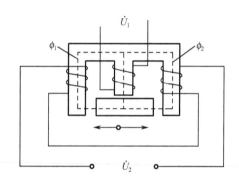

图 5-3　变气隙式差动变压器结构图

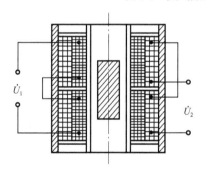

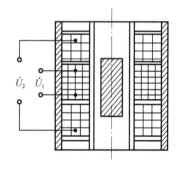

图 5-4　螺管式差动变压器结构图

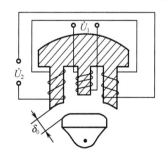

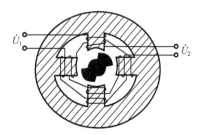

图 5-5　变面积式差动变压器结构图

【看一看】 差动变压器传感器的工作原理

差动变压器传感器是互感式电感传感器，它将被测量的变化转换为互感系数 M 的变化。工作时其初级线圈接入交流电源，两个次级线圈采用差动连接方式，当初级线圈的互感变化时，输出电压将发生相应变化。

这里以变气隙式差动变压器为例进行介绍。

如图 5-3 所示，当没有位移时，衔铁 C 处于初始平衡位置，它与两个铁芯的间隙为 $\delta_{a0}=\delta_{b0}=\delta_0$，两个次级绕组的互感电动势相等，即 $e_{2a}=e_{2b}$。由于次级绕组反向串联，因此差动变压器输出电压 $\dot{U}_2 = e_{2a} - e_{2b} = 0$。

当被测物体有位移时，与被测物体相连的衔铁的位置将发生相应变化，使 $\delta_a \neq \delta_b$，两次级绕组的互感电动势 $e_{2a} \neq e_{2b}$，输出电压 $\dot{U}_2 = e_{2a} - e_{2b} \neq 0$。

电压的大小反映了被测物体位移的大小，通过用相敏检波等电路进行处理，使最终输出电压的极性能反映位移的方向。

【做一做】 差动变压器传感器信号放大电路的调试

差动变压器输出的是交流电压，若用交流电压表测量，则只能反映衔铁位移的大小，而不能反映位移的方向，并且在测量值中包含零点残余电压。为了达到能辨别位移方向并消除零点残余电压的目的，在测量时常采用差动整流电路和相敏整流电流。

下面做一个实验，测试电路如图 5-6 所示。

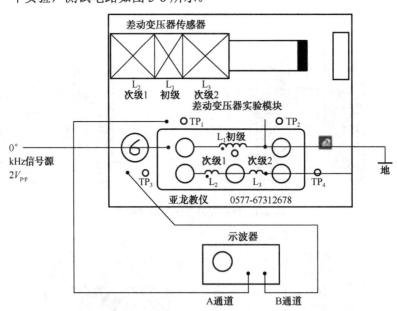

图 5-6　差动变压器测位移实验模块电路原理图

（1）差动变压器已装在 6 号差动变压器实验模板上。

（2）根据图 5-6 接线，音频振荡器信号从实验台 0° 或 180° 端子输出。调节音频振荡器的频率，输出频率为 4kHz（可用实验台的频率表监测）。调节输出幅度 $2V_{p-p}$（可用示波器监测：x 轴为 0.2ms/div，y 轴 A 通道为 1V/div，B 通道为 20mV/div）。图中，TP$_1$、TP$_2$、TP$_3$、TP$_4$、TP$_5$ 为连接线插座的对应编号。在线圈端点有一点表示的为同名端。接线时，可以判别初级线圈及次级线圈同名端。判别初级线圈及次级线圈同名端的方法如下：L$_1$ 为初级线圈，并设另外两个线圈 L$_2$、L$_3$ 的任一端为同名端。当铁芯左、右移动时，观察示波器中显示的初级线圈波形和次级线圈波形。当次级线圈波形输出幅值变化很大，基本上能过零点，而且相位与初级线圈波形（音频信号 Vp-p 与 2Vp-p 波形相同）比较能同相或反相变化时，说明已连接的初、次级线圈及同名端是正确的，否则继续改变连接再判别直到正确为止。

（3）旋动测微头，使示波器 B 通道显示的波形峰-峰值 Vp-p 最小。这时可以左右位移，假设其中一个方向位移为正，另一个方向位移为负，从 Vp-p 最小开始旋动测微头，每隔 0.2mm 从示波器上读出输出电压 Vp-p 值，填入表 5-1 中。再从 Vp-p 最小处反向位移做实验。在实验过程中，注意左右位移时，初、次级线圈波形的相位关系。

表 5-1　差动变压器传感器位移特性实验数据表

X（mm）	0.2	0.4	0.6	0.8	1	1.2	1.4	1.6	1.8	2
Vp-p										

（4）实验过程中应注意差动变压器输出的最小值即为差动变压器的零点残余电压大小。根据表 5-1 中的数据，画出 Vp-p-X 曲线，计算量程为±1mm、±3mm 时的灵敏度和非线性误差。

【工业应用】　差动变压器的应用

1．力和力矩的测量

差动变压器与弹性元件组合可以用来测量力和力矩。如图 5-7 所示，当力作用于传感器时，弹性元件会发生变形，从而使衔铁相对线圈移动，产生正比于力的输出电压。

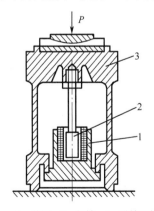
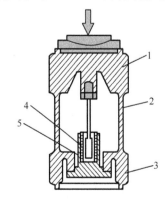

1—线圈；2—衔铁；3—弹性元件　　1—上部；2—变形部；3—下部；4—铁芯；5—差动变压器线圈

图 5-7　差动变压器式力传感器

优点：承受轴向力时应力分布均匀；当长径比较小时，受横向偏心的分力的影响较小。

2．微小位移的测量

差动变压器式位移传感器可以将被测位移的变化转化成差动变压器铁芯的位置变化，从而引起差动变压器输出电压的变化，其结构如图 5-8 所示。

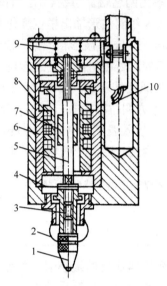

1—测端；2—防尘罩；3—轴套；4—圆片簧；5—测杆；

6—磁筒；7—磁芯；8—线圈；9—弹簧；10—导线

图 5-8   差动变压器式位移传感器结构图

这种传感器的分辨率高，线性度好，但缺点是有残余电压，会引起测量误差。其主要特性指标如下。

① 测量范围：1～1000mm。

② 线性度：0.1%～0.5%。

③ 分辨率：0.01。

3．压力测量

差动变压器式压力传感器是由差动变压器和弹性元件（膜片、膜盒或弹簧管等）组合而成的，用来测量压力或压差。其结构图如图 5-9（a）所示。

图 5-9（b）为测物体质量的电子秤，用差动变压器把弹簧的位移变为电信号，再经过换算得出质量。

4．加速度传感器

加速度传感器主要由悬臂梁和差动变压器构成。如图 5-10 所示，测量时将悬臂梁底座及差动变压器的线圈骨架固定，将衔铁的 A 端与被测物体相连。当被测物体带动衔铁以$\Delta x(t)$振动时，差动变压器的输出电压也按相同规律变化。悬臂梁起支承与平衡作用。

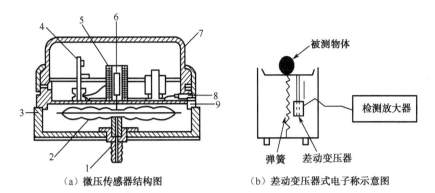

(a) 微压传感器结构图   (b) 差动变压器式电子称示意图

1—接头；2—膜盒；3—底座；4—线路板；5—差动变压器线圈；6—衔铁；7—罩壳；8—插头；9—通孔

图 5-9　差动变压器式压力传感器

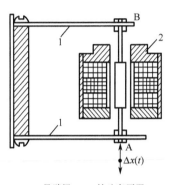

1—悬臂梁；2—差动变压器

图 5-10　加速度传感器结构图

实际应用中为了测量列车运行的速度和加速度，可采用如图 5-11 所示的装置，它是由一块安装在列车头底部的强磁体和埋设在轨道地面的一组线圈及电流测量仪组成的（测量仪未画出）。当列车经过线圈上方时，线圈中产生的电流被记录下来，从而能求出列车在各位置的速度和加速度。

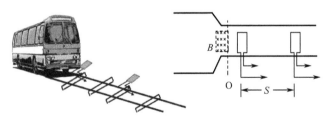

图 5-11　列车速度、加速度测量电路

5．三种类型差动变压器比较

① 变气隙式。变气隙式差动变压器可用于测量小范围线位移。它的优点是灵敏度高，一般用于测量几微米至几百微米的机械位移；缺点是示值范围小，非线性严重。由于这些缺点，近年来这种类型的差动变压器的使用逐渐减少。

② 变面积式。变面积式差动变压器可用于测量角位移。通常激励电压为 5～50V，激励频率为 60～50000Hz。通常可测几秒的微小角位移，输出的线性范围一般为 10s 左右。线性度为 0.05%～0.1%。

③ 螺管式。螺管式差动变压器可用于测量相对较大的位移，它的灵敏度随激励频率的增加而增加，与前两种差动变压器相比，虽然灵敏度较低，但其示值范围大，行程可以自由安排，制造、装配也较方便，因而获得了广泛的应用。

 拓展与提高　**其他位移测量方法及原理介绍**

在生产过程中，常遇到有大量的固体、液体物料放于容器中，它们有一定高度，这个高度还可能随时间变化而变化，对这些高度的测量称为物位测量。物位测量大多是将物位转换成位移量来进行的，它也是位移测量应用较多的一个方面。

1. 电阻式液位计

电阻式液位计由两根大电阻率的电阻极棒 1 组成，如图 5-12 所示。两根棒的材料和截面完全一样，两端拉紧，并用绝缘套 2 与容器 3 绝缘。

设 $K_1 = \dfrac{2\rho}{A}L$，$K_2 = \dfrac{2\rho}{A}$，可得出 $R = K_1 - K_2 h$。

通过测量电阻值 R 的变化即可得知液位高度 h 的变化。电阻值 R 可以用电桥 4（或其他测量电路）测得。

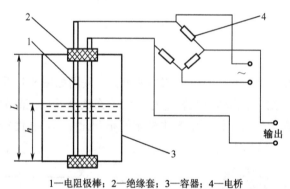

1—电阻极棒；2—绝缘套；3—容器；4—电桥

图 5-12　电阻式液位计

2. 电极式水位计

电极式水位计由一密封连通管（测量筒）和电极组成，如图 5-13 所示。当水位达到某一电极时，因为此时的导电性使容器和该电极接通，于是该回路就有电流通过，显示部分中相应的氖灯被点亮。

根据显示仪表中氖灯点亮多少，就能非常形象地反映液位的高低。相邻的两个电极靠得越近，其示值误差就越小。

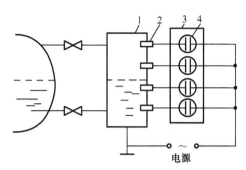

1—连通器（测量筒）；2—电极；3—显示器；4—氖灯

图 5-13　电极式水位计测量系统图

3．光纤液位计

全反射型光纤液位计由液位敏感元件、传输光信号的光纤、光源和光电检测单元等组成，如图 5-14 所示。

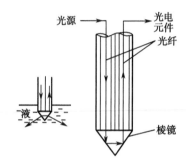

图 5-14　全反射型光纤液位计原理图

当棱镜位于气体（如空气）中时，入射光线被全部反射到接收光纤上，并经接收光纤传送到光电检测单元中；当棱镜位于液体中时，一部分入射光线将透过界面泄露到液体中，使光电检测单元接收到的光强减弱，根据传感器的光强信号即可判断液位的高度。这是一种定点式的光纤液位传感器，适用于液位的测量与报警，也可用于不同折射率介质（如水和油）之间分界面的测定。

4．激光物位计

激光物位计原理图如图 5-15 所示，工作时由激光发射装置发出激光，每秒钟发出的激光次数可由用户调节（1～25），每次发射出 100ns 的激光由激光接收窗口进行接收。经仪表进行处理后，根据光的传播速度，再测出由发射到接收的时间，即可算出与被测物之间的距离。

激光物位计不受现场压力、真空度、温度及容器几何尺寸的影响。精度高，可测量高温熔融态金属液位，煤气站煤气柜高度，干湿木片、聚苯乙烯、PVC 颗粒、滑石粉、水泥等材料的物位，以及煤仓、反应釜和狭小弯曲环境的物位。控制精确度为±2mm，适合各种恶劣工况下的料位及液位测量。

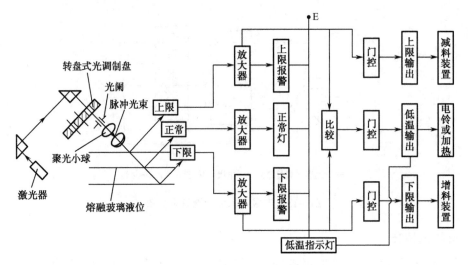

图 5-15　激光物位计原理图

 巩固与练习

1．根据表 5-1 画出 $Vp\text{-}p\text{-}X$ 曲线，做出量程为±1mm、±3mm 的灵敏度和非线性误差。

2．为什么螺管式电感传感器比变气隙式电感传感器有更大的唯一测量范围？

3．差动变压器传感器有哪些用途？

 教学评价表

教学评价表

课程名称					
项目名称					
一、综合职业能力成绩					
评分项目	评分内容	配分	自评	小组评分	教师确认
任务完成	1．理论知识的掌握 2．项目原理分析 3．技能完成的质量等	60			
操作工艺	1．工具的选择和使用 2．元件的选择和应用 3．方法步骤正确，动作准确	20			
安全生产	1．符合操作规程 2．人员、设备安全等	10			
文明生产	遵守纪律，积极合作，工位整洁	10			
总分					

二、训练过程记录			
工具、元件选择			
操作工艺流程			
技术规范情况			
安全文明生产			
完成任务时间			
自我检查情况			
三、评语	自我整体评价		学生签名
	教师整体评价		教师签名

项目六　光敏及气敏传感器

 项目描述

　　合理利用光线作用将给人们的生活带来很多便捷，其中利用光线强度来控制照明灯的亮灭是合理利用光线作用的具体体现。大多数学校的宿舍楼和教学楼的卫生间照明灯都是利用光控原理，确保灯在晚上或光线很暗的时候自动点亮，天亮的时候灯自动熄灭。这些利用一些设备元件或材料对光的敏感性制成的传感器为光敏传感器。另外，随着生活水平的提高，人们对环保、安全方面的认识也逐步提高，空气的污染指数、可燃气体泄漏监控等也越来越引起人们的重视，在这种情况下很多场合都需要使用气敏传感器来检测气体的浓度和成分。

 学习目标及任务描述

　　本项目主要要求在掌握光敏电阻的光电特性的基础上，能根据工作要求正确选择光敏元件、设计并制作光控台灯；掌握气敏传感器的基本结构、工作原理及应用特点，并能根据工作要求合理选择气敏元件，设计并制作可燃气体报警器；了解相关光电传感器、气敏传感器等测量电路的原理。

任务实施　**a. 光控台灯的设计与制作**

　　　　　b. 可燃气体报警器的设计与制作

【知识链接1】　光敏传感器的工作原理

1．光敏电阻结构与材料

　　光敏电阻是一种利用光电效应制成的光电器件，见图6-1和图6-2。它没有极性，纯粹是一个电阻，它是利用光敏材料制成的。光敏材料的两端装上电极引线，然后将其封在带有透明窗的管壳里就制成了光敏电阻。制成光敏电阻的材料有多种，如金属的硫化物、硒化物和锑化物等，目前生产的光敏电阻主要是由硫化镉制成的。

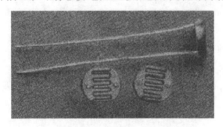

图6-1　光敏电阻

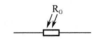

图6-2　光敏电阻符号

2．主要参数

（1）暗电阻、暗电流：光敏电阻在无光照射、全暗条件下，经一定时间稳定后，测得的电阻值称为暗电阻，阻值为 $1\sim100M\Omega$，此时流过的电流称为暗电流。

（2）亮电阻、亮电流：光敏电阻在受到某一光照射下的电阻值称为亮电阻，阻值在几千欧姆以内，此时流过的电流称为亮电流。

（3）光电流：亮电流与暗电流之差称为光电流。一般暗电阻越大，亮电阻越小，两者的阻值相差越大，光敏电阻的灵敏度越高。实际上光敏电阻的暗电阻一般为 $0.5\sim200M\Omega$，亮电阻为 $0.5\sim20k\Omega$。

3．工作特性

无光照时，光敏电阻的阻值（暗电阻）很大，回路中电流（暗电流）很小；当光敏电阻受到一定范围的波长光照时，其阻值（亮电阻）急剧减小，回路中电流（亮电流）迅速增大，光照越强，其亮电阻越小，亮电流越大。

（1）伏安特性。光敏电阻两端所加的电压和流过光敏电阻的电流之间的关系称为伏安特性，如图 6-3 所示。

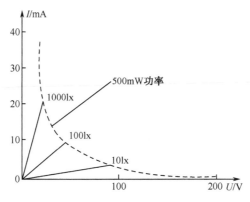

图 6-3 光敏电阻的伏安特性曲线

（2）光电特性。当光敏电阻两极间电压固定不变时，光照强度与亮电流之间的关系称为光电特性。光敏电阻的光电特性呈非线性，这是光敏电阻的主要缺点之一。

（3）响应特性。光敏电阻受光照后，光电流需要经过一段时间（上升时间）才能达到稳定值。同样，在停止光照后，光电流也需要经过一段时间（下降时间）才能恢复到其暗电流值，这就是光敏电阻的延时特性。可见，光敏电阻不能用在要求快速响应的场合，这是光敏电阻的另一个主要缺点。

（4）温度特性。光敏电阻受温度影响甚大，温度上升时，暗电流增大，灵敏度下降，这也是光敏电阻的一大缺点。

（5）光谱特性。光敏电阻相对灵敏度与入射光波长之间的关系特性称为光谱特性。入射光波长不同时，光敏电阻的灵敏度也不同。因此，为了提高测量灵敏度，应选择光谱响应峰值与光源的发光波长相接近的光敏电阻。

【知识链接 2】 半导体气体传感器的工作原理

半导体气体传感器是利用半导体气敏元件同被测气体相接触，造成半导体的特性发生变化的原理制成气敏传感器的。按照半导体的物理特性的不同，它可以分为电阻型和非电阻型两种。

1. 电阻型半导体气体传感器

电阻型半导体气体传感器由金属氧化物半导体材料制作的敏感元件组成，利用气体在金属氧化物表面的氧化、还原反应，导致敏感元件的阻值变化来检测气体的浓度。其中，敏感元件常被称为气敏电阻，因而这种传感器常被称为气敏电阻传感器，是目前广泛应用的气体传感器之一。气敏电阻传感器在洁净的空气中的电阻值较大；当在待测气体环境中时，传感器的电阻值下降，阻值下降的程度因气体成分和浓度的不同而不同。

气敏电阻的材料是金属氧化物，加入敏感材料和催化剂烧结而成。常用的金属氧化物半导体有 SnO_2、Fe_2O_3、ZnO、TiO 等。SnO_2 气敏电阻传感器主要用于检测氧气、二氧化氮、乙醇等可燃还原性气体的浓度；Fe_2O_3 对丙烷和异丁烷（液化石油气的主要成分）的灵敏度较高，因而被称为城市煤气传感器。

2. 非电阻型半导体气体传感器

非电阻型半导体气体传感器是利用半导体与气体接触后，其特性（如二极管的伏安特性或场效应管的电容-电压特性）发生变化来测定气体的成分或浓度的。目前主要有二极管、场效应晶体管两种类型。

【看一看】 半导体气体传感器的结构形式

下面以氧化锡气敏元件为例，介绍半导体气敏电阻传感器的结构。SnO_2 系列气敏元件按其结构形式分成烧结型、厚膜型及薄膜型三种。

1. 烧结型 SnO_2 气敏元件

烧结型 SnO_2 气敏元件是目前生产工艺最为成熟的气敏元件。它以粒径很小的 SnO_2 粉体作为基本材料，与不同的添加剂混合均匀，采用典型的陶瓷工艺制作而成。敏感元件的工作温度约为 300℃，加热方式有直热式和旁热式两种。目前市售的 SnO_2 系列大多为旁热式的。

旁热式气敏元件的结构及图形符号如图 6-4 所示。在一根薄壁陶瓷管的外壁涂覆 SnO_2 作为基础材料配制的浆料层，经烧结后形成厚膜气体敏感层，陶瓷管的两端设置一对金电极及铂-铱合金丝引出线。在陶瓷管内放入一根螺旋形高电阻率金属丝作为加热器（加热器电阻值一般为 30～40Ω）。一般有 6 根引线，其中两个 A 和两个 B 分别相连后，成为气敏元件的引线，f-f 为加热器的引线。

这种管芯的测量电极与加热器分离，避免了相互干扰，而且元件的热容量较大，减小环境温度变化对敏感元件特性的影响，其可靠性和使用寿命都比直热式气敏元件高。但是，烧结型 SnO_2 气敏元件的工作温度约为 300℃，此温度下的贵金属与环境中的有害气体（如 SO_2）

作用会发生"中毒"现象，使其活性大幅度下降，因而造成气敏元件的气敏性能下降，长期稳定性、气体识别能力等降低。

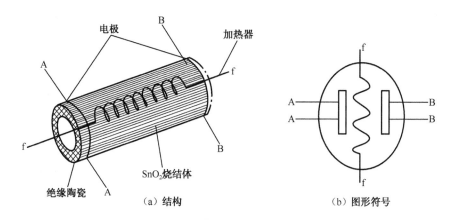

图 6-4 旁热式气敏元件的结构及图形符号

2. 厚膜型 SnO_2 气敏元件

厚膜型 SnO_2 气敏元件是采用丝网印刷技术制备而成的，其机械强度和一致性都比较好，且与厚膜混合集成电路工艺能较好地相容，可将气敏元件与阻容元件制作在同一基片上，利用微组装技术与半导体集成电路芯片组装在一起，构成具有一定功能的器件。利用厚膜印刷技术可以降低加热器的耗电量。

3. 薄膜型 SnO_2 气敏元件

薄膜型 SnO_2 气敏元件的工作温度较低（约为 250℃），催化剂"中毒"症状不十分明显，并且这种元件具有很大的表面积，自身的活性较高，本身气敏性很好。

薄膜型 SnO_2 气敏元件一般是在绝缘基板上蒸发或溅射一层 SnO_2 薄膜，再引出电极。其结构示意图如图 6-5 所示。

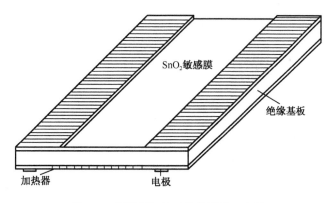

图 6-5 薄膜型气敏元件的结构示意图

【做一做】 a. 光控台灯的设计与制作

本设计介绍的是采用光敏电阻制作的光控台灯，电路结构简单、容易制作、工作稳定可靠。

1. 工作原理

工作原理如图 6-6 所示。该光控路灯电路由电源电路、光控电路和控制执行电路组成。交流 220V 电压经 $VD_1 \sim VD_4$ 整流、C_1 滤波及稳压后，为光控电路和执行电路提供+12V 工作电压。

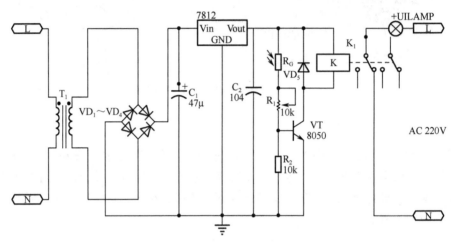

图 6-6　光控台灯电路工作原理

白天，R_G 受光照射而呈低阻状态，三极管饱和导通，继电器线圈得电，继电器的常闭触点断开，台灯不亮。

夜晚，R_G 因无光照射或光照变弱而阻值增大，VT 截止，继电器线圈失电，其常闭触点接通，台灯点亮。

天亮后，R_G 阻值下降，VT 再次饱和导通，继电器线圈得电，但是继电器常闭触点断开，台灯熄灭。

说明：对于此设计也可以添加反相器，然后接继电器的常开触点来控制台灯的通断。

2. 元件选择检测

变压器选用 12V 的，整流电路的二极管及集电极的保护二极管 $VD_1 \sim VD_5$ 均选用 1N4007 型整流二极管；选用 8050 型硅 NPN 晶体管；R_G 选用 MG45 系列的光敏电阻；稳压电路选用 7812 集成稳压块，C_1 选用耐压 25V 的 47μF 铝电解电容，C_2 选用耐压 16V 的铝电解电容，R_1 选用 10kΩ 普通电位器，R_2 选用 10kΩ 固定电阻，K 选用 12V 直流继电器。

3. 制作与调试方法

电路元件选择正确且焊接无误后即可使用。调节 R_1 的阻值，可以调节光控台灯的灵敏度。

4．任务评价表

项　目		工 艺 标 准	配分	得分
装配	元件识别与检测	1．能正确识读色环电阻 2．能利用万用表判断二极管、三极管的引脚，检测管的好坏 3．能利用万用表检测电容的好坏 4．能识别三端稳压集成电路7805	20	
	插件	1．电阻卧式插装，贴紧万能电路板，排列要整齐，横平竖直 2．电容立式插装，高度符合工艺要求 3．集成块插座贴紧万能电路板插装，整个电路焊接完毕后，再把集成电路插在集成块插座上	20	
	焊接	1．焊点光亮、清洁，焊料适量 2．无漏焊、虚焊、连焊、溅锡等现象 3．焊接后，元件引脚长度小于1mm	20	
调试	调试	通电后，调节可调电阻，用手挡住光敏电阻，确保光线较暗时，台灯点亮；当手拿开光照到光敏电阻时，台灯点亮	30	
安全、文明生产		1．安全用电，不人为损坏工具、设备和元件 2．保持环境整洁，秩序井然，操作习惯良好	10	

【做一做】 b. 可燃气体报警器的设计与制作

本设计介绍的可燃气体报警器采用 MQ 系列气敏元件设计而成，电路结构简单、容易制作、工作稳定可靠。

1．可燃气体报警器的工作原理

电路如图 6-7 所示，气敏元件采用 MQ 系列气敏元件，该元件具有灵敏度高、响应快、恢复迅速、长期稳定性好、抗干扰能力强等特点。市电经变压、整流、IC$_1$（7805）稳压后，向报警器供给 +5V 直流电源。IC$_2$（LM324）构成一个比较器，R$_1$、R$_2$ 分压后，设定一个比较电压值 U_{FO}，一旦气敏元件 MQ 检测到被测气体或烟雾后，MQ 电阻值下降，RP 上的取样电压升高，超过了 U_{FO} 后，比较器的输出由正常状态下的低电平翻转成高电平，通过三极管 VT 驱动发光二极管 VD$_5$ 发光，继电器 K 吸合。与此同时，压电陶瓷片 B 鸣叫，起到控制外电路和报警的作用。

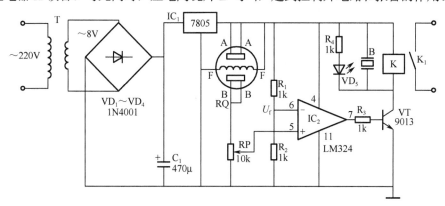

图 6-7　可燃气体报警器电路

2．元件选择

MQ 系列气敏元件有几个型号，可按测控对象，选取所需型号。

IC_1 选用三端稳压集成电路 7805，IC_2 选用 LM324 四运算放大器（本例只用其中一组）。

$VD_1 \sim VD_4$ 选用 1N4001 型硅整流二极管，VD_5 选用 ϕ3mm 高亮度发光二极管。VT 采用 9013 或 8050 型硅中功率三极管，要求 $\beta > 100$。

$R_1 \sim R_4$ 均用 RTX-1/8W 型碳膜电阻。RP 选用 WH7-A 型立式微调电位器。

C_1 选用 CDI I-16V 型电解电容。

B 采用压电陶瓷扬声器，型号为 YY01-200 或 YD-68。T 采用 220/8V、5V·A 的优质电源变压器，要求长时间通电不发热。继电器 K 应选用密封式，防止触点转换时跳火引燃可燃气体。其他元件无特别要求。

3．制作与调试

该可燃气体报警器各元件焊接、安装好后，先将电位器 RP 的阻值调至最大，通电后再调节 RP 的阻值，使气敏传感器的加热电流为 130mA 左右。电路预热 10min 后，用配制的乙醇气体进行测试，若能触发 IC_2 而使 VD_5 发亮，则说明电路的灵敏度较高；若不能及时触发 IC_2 动作，则可通过调节电位器 RP 的阻值来提高灵敏度。如果嫌报警声响不够，可用继电器的触点 K 控制 TWH15 型超响度扬声器，这种扬声器的工作电源电压为直流 12V。触点 K（图中只画了一个 K 触点，实际可能有几个）也可驱动排风扇等设备。

4．任务评价表

项　目		工　艺　标　准	配分	得分
装配	元件识别与检测	1．能正确识读色环电阻 2．能利用万用表判断二极管、三极管的引脚，检测管的好坏 3．能利用万用表检测电容的好坏 4．能识别三端稳压集成电路 7805、LM324 运算放大器引脚的功能	20	
	插件	1．电阻卧式插装，贴紧万能电路板，排列要整齐，横平竖直 2．电容立式插装，高度符合工艺要求 3．集成块插座贴紧万能电路板插装，整个电路焊接完毕后，再把集成电路插在集成块插座上	20	
	焊接	1．焊点光亮、清洁，焊料适量 2．无漏焊、虚焊、连焊、溅锡等现象 3．焊接后，元件引脚长度小于 1mm	20	
调试	调试	通电后，调节可调电阻，确保无酒精气体时，发光二极管不亮，蜂鸣器不响；当气体传感器探测到浓度为 0.05% 的酒精气体时，发光二极管不亮，蜂鸣器不响	30	
安全、文明生产		1．安全用电，不人为损坏工具、设备和元件 2．保持环境整洁，秩序井然，操作习惯良好	10	

【工业应用】 可燃气体报警器的使用与选型

1．可燃气体报警器的使用场合及性能要求

可燃气体报警器在使用中要按使用规范执行。在特殊的易燃、易爆场所一般应要求强行安装可燃气体报警器，普通公共场所、家用场所可根据需要进行安装使用。一般情况下，可燃气体报警器的有效检测距离，在室内不宜大于 7.5m，在室外不宜大于 15m。对于公共场合的可燃气体报警器应安装在有人值守的操作室或值班室。为了确保使用的可靠性，要定期对可燃气体报警器进行检查。

2．可燃气体报警器的选型

可燃气体报警器选型应考虑产品技术的先进性、灵敏可靠、满足各种环境要求。选型具体应考虑以下几点。

（1）根据被测介质的不同，选用不同测量原理的检测器。检测器作为可燃气体或蒸汽的敏感元件，其检测技术发展很快，分为电化学式（定电位电解、隔膜电极法）、光学式（红外线吸收法、光干涉法）、电气方式（热传导法、催化燃烧法、半导体法）。

（2）生产企业的具体情况对报警器性能指标要求也有所不同。有些生产企业在生产过程中的检测以就地仪表为主，如就地温度显示、压力显示、液位显示等，其对可燃气体检测报警的要求只需具有指示、报警功能的报警器即行，报警器的安装方式多选壁挂式。而有些生产企业自动化水平要求较高，生产过程检测以集中控制为主，即温度、压力、流量、液位等均集中显示、控制。重要参量要求可进行历史数据记录、历史数据查询。对可燃性气体检测报警器的要求除应具有指示、报警功能外，还应具有开关量输出或 DC 4～20mA 输出，以及具有 RS-232／RS-485 接口（采用 RS-232/RS-485 进行通信，可避免信号转换，提高真实性），报警器的安装方式多选用盘装式。

3．可燃气体报警器性能要求

选择的可燃气体报警器的主要性能指标应满足以下要求。

（1）检测对象：空气中的可燃气体；

（2）检测范围：0～100%可燃气体爆炸下限（LEL）；

（3）检测误差：爆炸下限的±10%以内；

（4）报警设定值：一级报警小于或等于 25%LEL，二级报警小于或等于 50%LEL；

（5）报警误差：设定值偏差在±25%以内；

（6）响应时间：吸入式仪器的响应时间应小于 30s，扩散式仪器的响应时间应小于 60s；

（7）电源电压的影响：发生±10%的变化时，报警器精度不降低。

4．可燃气体报警器安装

（1）报警器安装高度应根据可燃气体的密度而定。当气体密度大于 $0.97kg/m^3$（标准状态下）时，安装高度距地面 0.3～0.6m；当气体密度小于或等于 $0.97kg/m^3$（标准状态下）时，安装高度距屋顶 0.5～1.0m 为宜。

（2）检测器的安装位置应综合空气流动的速度和方向、与潜在泄漏源的相对位置、通风条件而确定，并便于维护和标定。

（3）检测器和报警控制器应以受到最小振动的方式安装。

（4）在易受电磁干扰的地区，宜使用铠装电缆或电缆加金属护管。

（5）检测器应注意防水，在室外和室内易受到水冲刷的地方应装有防水罩；检测器连接电缆高于检测器的应采取防水密封措施。

（6）检测器的安装和接线应按制造厂规定的要求进行，并应符合防爆仪表安装接线的规定。

 拓展与提高　其他光敏及气敏传感器

一、其他光敏传感器

1. 光电二极管

如图 6-8 所示，光电二极管同普通二极管一样，也是非线性半导体，但在结构上光电二极管有着特殊之处，它的外壳顶部由透明材料制成，装在顶部的 PN 结可以直接受到光的照射。如图 6-9 所示是光电二极管的结构和图形符号。

图 6-8　光电二极管和光电三极管

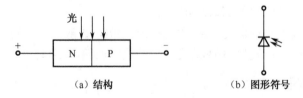

（a）结构　　　　　　　　　（b）图形符号

图 6-9　光电二极管的结构和图形符号

光电二极管在电路中通常处于反向偏置状态。当无光照射时，反向电阻很大，反向电流（暗电流）很小；当有光照射在 PN 结上时，光子打在 PN 结附近，使 PN 结附近产生光生电子—空穴对，它们在 PN 结处的内电场作用下定向移动，形成光电流，光照度越大，光电流越大，数值大约是截止状态时光电流的 1000 倍。因此，光电二极管在不受光照射时处于截止状态，受光照射时处于导通状态。

2. 光电三极管

1）工作原理

光电三极管的结构如图 6-10 所示，它与普通三极管很相似，具有两个 PN 结（分 NPN 型与 PNP 型两种）。不同之处是光电三极管必须有一个对光敏感的 PN 结作为感光面，一般用集电结作为受光区，因此光电三极管相当于一个在基极和集电极之间接有光电二极管的普通三极管。

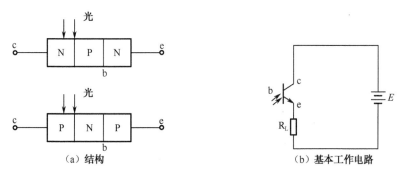

图 6-10　光电三极管的结构和基本工作电路

在电路中，大多数光电三极管的基极无引出线，因而见到的光电三极管有时只有两个引脚。它工作时，要求发射结正偏，集电结反偏。当无光照射时，光电三极管只有很小的暗电流；当有光照射作用时，会产生光电流（基极电流 I_b），光电流 I_b 放大 β 倍就是集电极电流 I_c，所以光电三极管也具有放大作用。

2）基本特性

（1）光照特性。如图 6-11 所示为光电二极管和光电三极管的光照特性曲线，光电二极管的光电流与光照强度呈线性关系，适用于做检测元件。光电三极管的光照特性曲线呈非线性关系，斜率大，灵敏度较高。

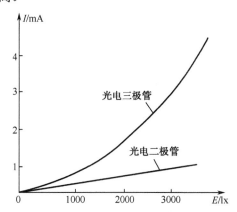

图 6-11　光电二极管和光电三极管的光照特性曲线

（2）光谱特性。由光谱特性可以确定光源与光电器件的最佳匹配。从光谱特性曲线可以得出，硅管的峰值波长约为 0.9μm，因而一般用硅管探测发可见光或红外线的物体；锗管的峰值波长约为 1.5μm，用锗管探测红外线较为适宜；砷化镓对紫外线特别敏感，可以用于测量太阳光中的紫外线。

（3）响应特性。光电二极管的响应特性是半导体光电器件中最好的一种，响应时间约为 10μs。

光电三极管的响应速度比相应的光电二极管大约慢了一个数量级，而锗管的响应时间要比硅管小一个数量级。因此，在要求快速响应时，应选用硅光电二极管。

3. 光电池

1）工作原理

光电池也称太阳能电池或光伏电池，如图 6-12 所示是一种直接将光能转换为电能的光电池。光电池在有光线作用时，实际上就是电源。

图 6-12　光电池

光电池的工作原理是光生伏特效应。如图 6-13 所示是光电池的结构和图形符号，它实质上是一个大面积的 PN 结，在结构上类似于光电二极管。当光照射到 PN 结上时，如果光的能量足够大，将在 PN 结附近激发电子—空穴对。在 PN 结电场的作用下，电子移向 N 区，空穴移向 P 区，从而使 N 区带负电成为光电池的负极，P 区带正电成为光电池的正极，因而两电极之间就有了电压，即产生了光生电动势。

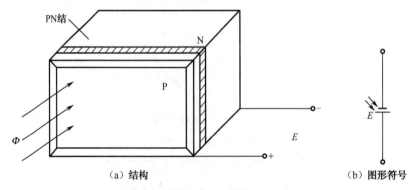

（a）结构　　　　　　　　　　　　　　　　（b）图形符号

图 6-13　光电池的结构和图形符号

2）基本特性

（1）光照特性。光电池的短路电流在很大范围内与光照强度呈线性关系，开路电压与光照强度呈非线性关系，并且在光照强度为 2000lx 照射下就出现饱和特性。因此，光电池作为测量元件使用时应把它作为电流源使用，而不作为电压源。这是光电池的主要优点之一。

（2）光谱特性。从图 6-14 中可以看到，不同材料的光电池对不同波长的光的灵敏度不同，硅光电池的光谱响应峰值在 0.8pm 附近，响应范围为 $0.4\sim1.2\mu m$；硒光电池的光谱响应峰值在 0.5pm 附近，响应范围为 $0.38\sim0.7\mu m$。可见，硅光电池可以在很宽的波长范围内得到应用。

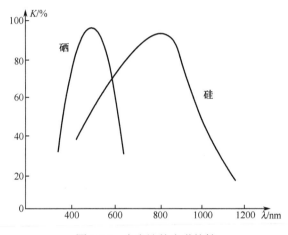

图 6-14 光电池的光谱特性

3）使用

光电池的种类很多，应用最广的是硅光电池。硅光电池性能稳定，光谱范围宽，频率特性好，传递效率高，使用寿命长，使用温度为 -55～125℃。为了减少光线的反射，提高光电的转换效率，通常在硅光电池的表面涂上一层蓝色的氧化硅抗反射膜。因为光电池受潮或受油污后较容易使蓝色膜脱落，所以不要用手直接触摸光电池，并尽量防止其受潮。国产硅光电池有 2CR 系列和 2DR 系列两种。2CR 系列是用 N 型单晶硅制成的，光照面为正极，背光面为负极，它的特性参数见表 6-1；2DR 系列是用 P 型单晶硅制成的，光照面为负极，背光面为正极。

表 6-1 2CR 系列硅光电池特性参数

参量 数值 型号	开路电压（mV）	短路电流（mA）	输出电流（mA）	转换效率（%）	面积（mm²）
2CR11	450～600	2～6		>6	2.5×5
2CR21	450～600	4～8		>6	5×5
2CR31	450～600	9～15	6.5～8.5	6～8	5×10
2CR32	550～600	9～15	8.6～11.3	8～10	5×10

型号　数值　参量	开路电压（mV）	短路电流（mA）	输出电流（mA）	转换效率（%）	面积（mm²）
2CR33	550～600	12～15	11.4～15	10～12	5×10
2CR34	550～600	12～15	15～17.5	>12	5×10
2CR41	450～600	18～30	17.6～22.5	6～8	10×10
2CR42	500～600	18～30	22.5～27	8～10	10×10
2CR43	550～600	23～30	27～30	10～12	10×10
2CR44	550～600	27～30	27～35	>12	10×10
2CR51	450～600	36～60	35～45	6～8	10×20

二、其他气敏传感器

1．燃烧式气体传感器

燃烧式气体传感器是将贵金属线圈埋设在强催化剂中构成的。用金属线圈构成电桥电路的一个桥臂，使用时对金属线圈通以电流，使之保持在300～600℃的高温，调节电桥使其平衡。一旦有可燃气体与传感器表面接触，在强催化剂的作用下就会燃烧产生热量，导致金属线圈温度进一步升高，电阻值增大，电桥不再平衡。电桥输出的不平衡电流或电压与可燃气体的浓度成比例，由此就可检测出可燃气体的浓度。

燃烧式气体传感器只能用来检测甲烷、乙炔、甲醇、乙醚、氢气等可燃性气体的浓度，优点是对气体的选择性好，受温度、湿度影响小，响应快；缺点是对低浓度可燃性气体的灵敏度较低。

2．电化学式气体传感器

电化学式气体传感器是利用电解池原理制成的，即气体与电极进行氧化、还原反应，从而使两电极间输出的电流或电压随气体浓度的变化而变化。

电化学式气体传感器的优点是灵敏度高、选择性良好；缺点是使用期限较短（一般为两年），主要用来测量氧气、一氧化碳、二氧化硫、氮氧化物等气体的浓度，因而在环境自动保护方面得到了广泛应用。

3．固体电解质式气体传感器

固体电解质式气体传感器是利用被测气体在敏感电极上发生化学反应，所生成的离子通过固体电解质传递到电极，使电极间产生电位变化的原理来对气体进行检测的。

固体电解质式气体传感器的灵敏度较高，稳定性好，但响应时间过长。它可用于检测氧气、二氧化碳、二氧化氮、硫化氢等气体，在环保、节能、矿业、汽车工业等领域得到了广泛应用。

 巩固与练习

1．光敏电阻的工作特性及主要参数。

2．半导体气敏传感器的主要用途。

3．请思考一下其他的光敏传感器和气敏传感器可能的应用场合。

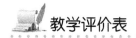 教学评价表

教学评价表

课程名称					
项目名称					
一、综合职业能力成绩					
评分项目	评分内容	配分	自评	小组评分	教师确认
任务完成	1．理论知识的掌握 2．项目原理分析 3．技能完成的质量等	60			
操作工艺	1．工具的选择和使用 2．元件的选择和应用 3．方法步骤正确，动作准确	20			
安全生产	1．符合操作规程 2．人员、设备安全等	10			
文明生产	遵守纪律，积极合作，工位整洁	10			
总分					
二、训练过程记录					
工具、元件选择					
操作工艺流程					
技术规范情况					
安全文明生产					
完成任务时间					
自我检查情况					
三、评语	自我整体评价			学生签名	
	教师整体评价			教师签名	

下篇　传感器应用实例

实例一　传感器在机器人中的应用

机器人是自动控制机器（Robot）的俗称，包括一切模拟人类行为或思想与模拟其他生物的机械（如机器狗、机器猫等）。狭义上对机器人的定义还有很多分类及争议，有些计算机程序甚至也被称为机器人。在当代工业中，机器人指能自动执行任务的人造机器装置，用以取代或协助人类工作。理想中的高仿真机器人是整合了控制论、机械电子、计算机与人工智能、材料学和仿生学的高级产物，目前科学界正在向此方向研究开发。如图 1-1～图 1-4 所示是各种机器人实物。

图 1-1　汽车装配机器人（机器手）

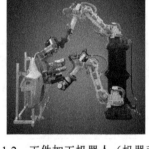

图 1-2　工件加工机器人（机器手）

图 1-3　排爆机器人

图 1-4　军用机器人

在科技界，科学家会给每一个科技术语一个明确的定义，但机器人问世已有几十年，机器人的定义仍然仁者见仁，智者见智，没有一个统一的意见。原因之一是机器人还在发展，新的机型、新的功能不断涌现。1959 年，美国人乔治·德沃尔与美国发明家约瑟夫·英格伯格联手制造出第一台工业机器人，随后成立了世界上第一家机器人制造工厂——Unimation公司。由于英格伯格对工业机器人的研发和宣传，他也被称为"工业机器人之父"。1962 年，美国 AMF 公司生产出"VERSTRAN"（意思是万能搬运），与 Unimation 公司生产的 Unimate一样成为真正商业化的工业机器人，并出口到世界各国，掀起了全世界对机器人和机器人研究的热潮。

在 1967 年日本召开的第一届机器人学术会议上，提出了两个有代表性的定义。一是森政弘与合田周平提出的："机器人是一种具有移动性、个体性、智能性、通用性、半机械半人性、自动性、奴隶性等 7 个特征的柔性机器"。从这一定义出发，森政弘又提出了用自动性、智能性、个体性、半机械半人性、作业性、通用性、信息性、柔性、有限性、移动性等 10 个特性来表示机器人的形象。另一个是加藤一郎提出的具有如下 3 个条件的机器称为机器人：

（1）具有脑、手、脚等三要素的个体；

（2）具有非接触传感器（用"眼"、"耳"接收远方信息）和接触传感器；

（3）具有平衡觉和固有觉的传感器。

由此可见，传感器在机器人的控制中起到了非常重要的作用，正因为有了传感器，机器人才具备了类似人类的知觉功能和反应能力。

为了检测作业对象及环境或机器人与它们的关系，在机器人上安装了触觉传感器、视觉传感器、力觉传感器、接近觉传感器、超声波传感器和听觉传感器，大大改善了机器人的工作状况，使其能够更充分地完成复杂的工作。由于外部传感器为集多种学科于一身的产品，所以有些方面还在探索之中。随着外部传感器的进一步完善，机器人的功能越来越强大，将在许多领域为人类做出更大贡献。

根据检测对象的不同可分为内部传感器和外部传感器。

① 内部传感器：用来检测机器人本身状态（如手臂间角度）的传感器，多为检测位置和角度的传感器。

② 外部传感器：用来检测机器人所处环境（如是什么物体，离物体的距离有多远等）及状况（如抓取的物体是否滑落）的传感器。

如图 1-5 和图 1-6 所示分别为家政机器人和仿真机器人。

图 1-5 家政机器人

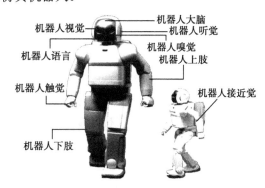

图 1-6 仿真机器人

1. 机器人视觉传感器

视觉传感器是整个机器视觉系统信息的直接来源，主要由一个或多个图形传感器组成，有时还要配以光投射器及其他辅助设备。视觉传感器的主要功能是获取足够的机器视觉系统要处理的最原始图像。图像传感器可以使用激光扫描器、线阵和面阵 CCD 摄像机或者 TV 摄像机、数字摄像机等。

在生产现场，通过采用视觉传感器检测零部件，可避免次品外流。视觉传感器主要由捕捉检查对象物体（拍摄）用的摄像头及处理图像的控制器组成。通过摄像头捕捉图像信息，检测拍摄对象的数量、位置关系、形状等特点，用于判断产品是否合格，或将检验数据传送给机器人等其他生产设备。例如，在检查电视或手机用微小电子零部件的电极污迹方面，每分钟可检测数以千计的零部件。还可用于检测手机操作部分的伤痕、污迹及印刷效果等。

图像处理正在成为最关键、最具挑战性的传感器技术之一。就在不久前，把视觉传感器集成应用到实际项目中还有相当的难度，而且代价昂贵。而现在，视觉传感器已经在工业领域中有了广泛的应用，相对于传统的解决方案，其在复杂的应用环境中体现出了更佳的性价比。如图 1-7 和图 1-8 所示分别为视觉传感器及其工业应用。

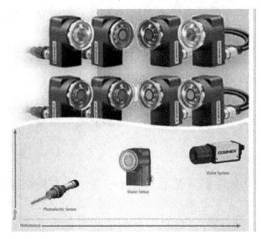

图 1-7　视觉传感器

图 1-8　视觉传感器的工业应用

应用案例——机器视觉检测在布匹生产流水线系统中的应用

机器视觉检测就是用机器代替人眼来做测量和判断，是指通过机器视觉产品（即图像摄取装置，分 CMOS 和 CCD 两种）将被摄取目标转换成图像信号，传送给专用的图像处理系统，根据像素分布和亮度、颜色等信息，转变成数字化信号；图像系统对这些信号进行各种运算从而抽取目标的特征，根据判别的结果来控制现场的设备动作。它是用于生产、装配或包装的有价值的机制。在检测缺陷和防止缺陷产品被配送到消费者等功能方面具有不可估量的价值。

机器视觉检测的特点是提高生产的柔性和自动化程度。在一些不适合人工作业的危险工作环境或人工视觉难以满足要求的场合，常用机器视觉来替代人工视觉。而且，机器视觉易于实现信息集成，是实现计算机集成制造的基础技术。

在布匹的生产过程中，像布匹质量检测这种有高度重复性和智能性的工作只能靠人工检测来完成，在现代化流水线后面常常可看到很多的检测工人执行这道工序，给企业增加巨大的人工成本和管理成本，同时却仍然不能保证 100%的检验合格率（即"零缺陷"）。对布匹质量的检测是重复性劳动，容易出错且效率低。

流水线进行自动化的改造，使布匹生产流水线变成快速、实时、准确、高效的流水线，如图 1-9 所示。在流水线上，所有布匹的颜色及数量都要进行自动确认（以下简称"布匹检测"）。

采用机器视觉的自动识别技术完成以前由人工来做的工作。在大批量的布匹检测中，用人工检查产品质量效率低且精度不高，用机器视觉检测方法可以大大提高生产效率和生产的自动化程度。视觉检测系统示意图如图1-10所示。

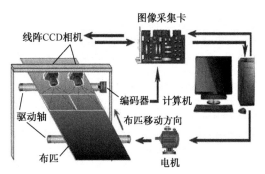

图1-9　布匹生产流水线　　　　　　　　图1-10　视觉检测系统示意图

1）特征提取辨识

一般布匹检测（自动识别）先利用高清晰度、高速摄像镜头拍摄标准图像，在此基础上设定一定标准；然后拍摄被检测目标的图像，再将两者进行对比。但是，在布匹质量检测工程中要复杂一些：

① 图像的内容不是单一的图像，每块被测区域存在的杂质的数量、大小、颜色、位置可能不一致。

② 杂质的形状难以事先确定。

③ 由于布匹快速运动对光线产生反射，图像中可能会存在大量的噪声。

④ 在流水线上对布匹进行检测，有实时性的要求。

由于上述原因，图像识别处理时应采取相应的算法，提取杂质的特征，进行模式识别，实现智能分析。

2）颜色检测

一般而言，从彩色CCD相机中获取的图像都是RGB图像，也就是说每一个像素都由红（R）、绿（G）、蓝（B）三个成分组成，来表示RGB色彩空间中的一个点。问题在于这些色差不同于人眼的感觉。即使很小的噪声也会改变颜色空间中的位置。所以，无论人眼感觉多么近似，在颜色空间中也不尽相同。基于上述原因，需要将RGB像素转换成为另一种颜色空间CIELAB，目的就是使人眼的感觉尽可能地与颜色空间中的色差相近。

3）色斑检测

以摄像镜头拍摄图像，根据需求，在纯色背景下检测杂质色斑，并且计算出色斑的面积，以确定是否在检测范围之内。图像处理软件要具有分离目标、检测目标，并且计算出其面积的功能。

色斑分析（Blob Analysis）是对图像中相同像素的连通域进行分析，该连通域称为Blob。Blob分析工具可以从背景中分离出目标，并可计算出目标的数量、位置、形状、方向和大小，还可以提供相关斑点间的拓扑结构。在处理过程中不是采用单个的像素逐一分析，而是对图像的行进行操作。图像的每一行都用游程长度编码（RLE）来表示相邻的目标范围。这种算法与基于像素的算法相比，大大提高了处理速度。

4）结果处理和控制

应用程序把返回的结果存入数据库或用户指定的位置，并根据结果控制机械部分做相应的运动。根据识别的结果，存入数据库进行信息管理，以后可以随时对信息进行检索查询。管理者可以获知某段时间内流水线的忙闲，为下一步工作做出安排，还可以获知布匹的质量情况等。

2. 机器人触觉传感器

触觉是人与外界环境直接接触时的重要感觉功能，研制满足要求的触觉传感器是机器人发展中的关键技术之一。随着微电子技术的发展和各种有机材料的出现，已经提出了多种多样的触觉传感器的研制方案，但目前大都属于实验室阶段，达到产品化的不多。触觉传感器按功能大致可分为接触觉传感器、扭矩觉传感器、压觉传感器和滑觉传感器等。

1）接触觉传感器

接触觉传感器用以判断机器人是否接触到外界物体或测量被接触物体的特征的传感器。接触觉传感器有微动开关、导电橡胶、含碳海绵、碳素纤维、气动复位式装置等类型。

① 微动开关式接触觉传感器：它由弹簧和触点构成，如图 1-11 所示。触点接触外界物体后离开基板，造成信号通路断开，从而测到与外界物体接触。这种常闭式（未接触时一直接通）微动开关的优点是使用方便、结构简单；缺点是易产生机械振荡，触点易氧化。

② 导电橡胶式接触觉传感器：它以导电橡胶为敏感元件，当触点接触外界物体受压后，压迫导电橡胶，使它的电阻发生改变，从而使流经导电橡胶的电流发生变化，原理如图 1-12 所示。这种传感器的缺点是由于导电橡胶的材料配方存在差异，出现的漂移和滞后特性不一致；优点是具有柔性。

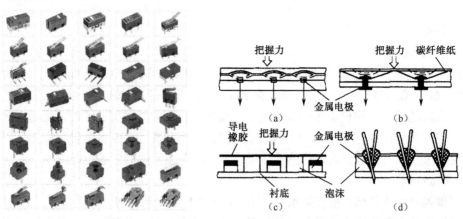

图 1-11　各种微动开关　　　　图 1-12　导电橡胶式接触觉传感器原理

③ 含碳海绵式接触觉传感器：它在基板上装有海绵构成的弹性体，在海绵中按阵列布以含碳海绵。接触物体受压后，含碳海绵的电阻减小，测量流经含碳海绵电流的大小，可确定受压程度。这种传感器也可用作压力觉传感器。优点是结构简单、弹性好、使用方便；缺点是碳素分布均匀性直接影响测量结果，受压后恢复能力较差。

④ 碳素纤维式接触觉传感器：以碳素纤维为上表层，下表层为基板，中间装以氨基甲

酸酯和金属电极。接触外界物体时碳素纤维受压与电极接触导电。优点是柔性好，可装于机械手臂曲面处，但滞后较大。

⑤ 气动复位式接触觉传感器：它有柔性绝缘表面，受压时变形，脱离接触时则由压缩空气作为复位的动力。与外界物体接触时，其内部的弹性圆泡与下部触点接触而导电。优点是柔性好、可靠性高，但需要压缩空气源。

2）扭矩觉传感器

它检测的是各种旋转或非旋转机械部件对扭转力矩的感知。扭矩觉传感器将扭力的物理变化转换成精确的电信号，是用于测量机器人自身或与外界相互作用而产生的力或力矩的传感器，通常装在机器人各关节处。刚体在空间的运动可以用六个坐标来描述，如用表示刚体质心位置的三个直角坐标和分别绕三个直角坐标轴旋转的角度坐标来描述。可以用多种结构的弹性敏感元件来转换机器人关节所受的六个自由度的力或力矩，再由粘贴其上的应变片（见半导体应变计、电阻应变计）将力或力矩的各个分量转换为相应的电信号。常用弹性敏感元件的形式有十字交叉式、三根竖立弹性梁式和八根弹性梁的横竖混合结构等。各种扭矩觉传感器如图 1-13 所示。

ZRN500-Ⅱ智能扭矩仪

ZRN502微量程扭矩觉传感器

ZRN504盘式扭矩觉传感器

ZRN506法兰扭矩觉传感器

ZRN501静态扭矩觉传感器

ZRN500静止扭矩觉传感器

ZRN508单法兰扭矩觉传感器

ZRN509高转速扭矩觉传感器

ZRN500-2静止扭矩觉传感器

图 1-13　各种扭矩觉传感器

3）压觉传感器

它是测量接触外界物体时所受压力和压力分布的传感器。它有助于机器人对接触对象的几何形状和硬度的识别。压觉传感器的敏感元件可由各类压敏材料制成，常用的有压敏导电橡胶、由碳纤维烧结而成的丝状碳素纤维片和绳状导电橡胶的排列面等。

例如，导电橡胶压觉传感器，其在导电橡胶上面附有柔性保护层，下部装有玻璃纤维保护环和金属电极。在外压力作用下，导电橡胶电阻发生变化，使基底电极电流相应变化，从而检测出与压力成一定关系的电信号及压力分布情况。通过改变导电橡胶的渗入成分可控制电阻的大小。通过合理选材和加工可制成高密度分布式压觉传感器，这种传感器可以测量细微的压力分布及其变化，故有人称之为"人工皮肤"，如图 1-14 所示。如图 1-15 所示为布满触觉传感器的机器手。

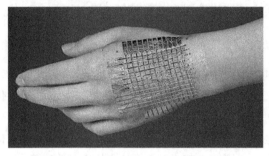

图 1-14　"人工皮肤"

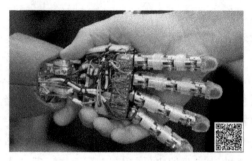

图 1-15　布满触觉传感器的机器手

应用案例——水平多关节机器人

4）滑觉传感器

滑觉传感器用于判断和测量机器人抓握或搬运物体时物体所产生的滑移。它实际上是一种位移传感器。按有无滑动方向检测功能可分为无方向性、单方向性和全方向性三类。

① 无方向性传感器有探针耳机式，它由蓝宝石探针、金属缓冲器、压电罗谢尔盐晶体和橡胶缓冲器组成。滑动时探针产生振动，由罗谢尔盐转换为相应的电信号。缓冲器的作用是减小噪声。

② 单方向性传感器有滚筒光电式，被抓物体的滑移使滚筒转动，导致光敏二极管接收到透过码盘（装在滚筒的圆面上）的光信号，通过滚筒的转角信号测出物体的滑动。

③ 全方向性传感器采用表面包有绝缘材料并构成经纬分布的导电与不导电区的金属球。当传感器接触物体并产生滑动时，球发生转动，使球面上的导电与不导电区交替接触电极，从而产生通断信号，通过对通断信号的计数和判断可测出滑移的大小和方向。这种传感器的制作工艺要求较高。

关节型机器人的结构类同人的手臂，由接触觉、扭矩觉、压觉和滑觉传感器等多种传感器和几个转动轴、摆动轴及手爪等组成。关节型机器人的转动轴和摆动轴主要用伺服电机、精密减速机或直驱力矩电机驱动。各个厂家的关节型机器人的结构类同，主要差别是技术参数。下面以德国 Manutec 公司的关节机器人为例进行介绍。

Manutec 公司生产的型号为 r15-30 的关节机器人，额定负载 30kg，最大可达到 75kg，工作半径 1.3m，重复定位精度小于 0.04mm，点到点的最大运行速度高达 5.9m/s，加速度高达 23m/s^2，工作寿命 20 年。可以坐立式安装，也可以吊挂式安装，还可以与水平面小于 30° 的斜式安装，不影响其各项技术指标。r15-30 可以选配防爆式，也可以选配一级洁净式等。

r15-30 的主要特点是强度大、刚性好、重复定位精度高，主要应用领域是其他厂家生产的关节机器人由于刚性和精度不够无法应用的领域，以及用 5 轴加工中心成本太高或无法胜任的工作，如磨齿、异形铣削、壳（腔）内部铣削、磨、抛、切割和焊接等。

在手爪末端可以配力传感器，来加工异形表面（如铣削、磨和抛）。一个机器人可以与双工作台及各种双旋转轴协调同步运动。也可以是两个机器人协调同步工作，如一个机器人抓取工件，而另一个机器人对该工件进行加工，两个机器人同步协调完成特定的加工轨迹。

如图 1-16 所示为各类多关节机器手，如图 1-17 所示为工作中的多关节机器手。

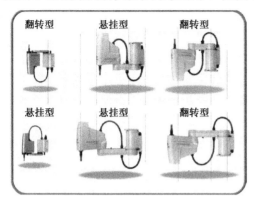

图 1-16　各类多关节机器手

图 1-17　工作中的多关节机器手

3. 机器人接近觉传感器

接近觉能使机器人在接近物体时，感知距离物体的远近程度，具有视觉和触觉的中间功能，能知道对象物和障碍物的位置、姿势、运动等。这种传感器主要有以下 3 个作用：在接触对象物前得到必要的信息，以便准备后续动作；发现前方障碍物时限制行程，避免碰撞；获取对象物表面各点间距离的信息，从而测出对象物表面形状。接近觉传感器有光电式（见图 1-18）、气压式、电磁感应式（见图 1-19）、电容式（见图 1-20）和超声波式（见图 1-21）。

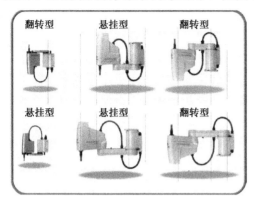

图 1-18　各类光电式接近觉传感器

图 1-19　电磁感应式接近觉传感器

图 1-20　电容式接近觉传感器

图 1-21　超声波式接近觉传感器

（1）光电式接近觉传感器的应答性好，维修方便，尤其是测量精度很高，是目前应用最多的一种接近觉传感器，但其信号处理相对来说较复杂，使用环境也受到一定限制。

（2）气压式传感器的原理非常简单，只需提供一个恒定的压力源，由于受空气的污染程度的影响，其零位变动和漂移较大，测量精度不高，但把气压式传感器作为模拟传感器接近开关来使用则是非常优越的。

（3）电磁感应式接近觉传感器和电容式接近觉传感器，在特定工作环境下是较理想的接近觉传感器。它响应好，精度高，信号处理容易，尤其是维修比较方便，很适合在焊接机器人上使用。

（4）超声波式接近觉传感器在短距离测量时，精度不高，但测距范围广，特别是在较长距离的测量中更能发挥作用，因此，一般用于移动机器人的路径探测和躲避障碍物。

实例二　传感器在楼宇智能化中的应用

楼宇智能化是信息化的重要组成部分。世界上对楼宇智能化的提法很多，欧洲、美国、日本、新加坡及国际智能工程学会的提法各有不同，其中，日本的国情与我国较为相近，可以参考其提法。日本电机工业协会楼宇智能化分会把智能化楼宇定义为：综合计算机、信息通信等方面的最先进技术，使建筑物内的电力、空调、照明、防灾、防盗、运输设备等协调工作，实现建筑物自动化（BA）、通信自动化（CA）、办公自动化（OA）、安全保卫自动化系统（SAS）和消防自动化系统（FAS），将这5种功能结合起来的建筑也称为5A建筑，外加结构化综合布线系统（SCS）、结构化综合网络系统（SNS）、智能楼宇综合信息管理自动化系统（MAS），就是智能化楼宇，如图2-1所示。而各类传感器的采用是实现建筑物自动化（BA）、安全保卫自动化系统（SAS）和消防自动化系统（FAS）的基础。

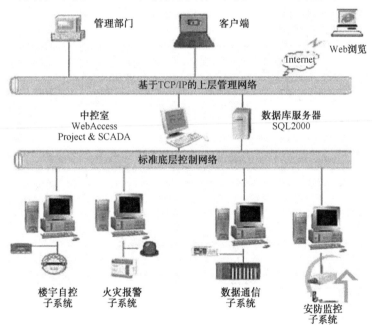

图 2-1　楼宇智能化系统

1．建筑物自动化系统中的传感器

建筑物自动化系统对建筑物大多数机电设备进行全面、有效的监控和管理，如对空调系统、冷冻机组、变配电高低压回路、给排水回路、各种水泵、照明回路等的状态监测和启停控制，对变配电高低压回路、电梯系统的状态监测和故障报警。

建筑物自动化系统可以实现的功能如下。

① 配变电系统：监视、测量电压和电流等重要电气参数、开关状态，故障报警，遥控操作。

② 照明系统：控制小区的公共走道、大厅、停车库、花园等地的照明灯，按时间、日

期计划或室外日光进行自动开关，监视开关的状态。采用智能化灯光控制系统，可以进行灯光场景控制，保护灯具，延长灯具寿命。

③ 暖通空调：监视、测量室内外的空气参数，按计划启停空调设备，节能运行。

④ 给排水：监视水泵运行状态，各种水池液位监测报警，饮用水过滤杀菌设备监测控制，热水供应设备监测控制，水池液位自动控制。

⑤ 电梯：监视电梯运行状况，自动调度运行控制，记录运行时间。

1）空调机组的自动调节

空调机组控制示意图如图 2-2 所示。

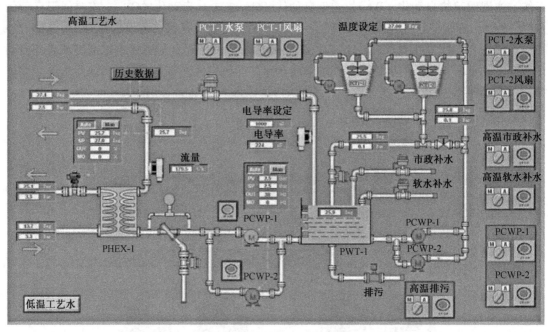

图 2-2　空调机组控制示意图

（1）装设在回风管内的温度传感器检测的温度送往中央控制器与设定点温度相比较，用比例积分加微分控制，输出相应的电压信号，控制装在回风管上的电动调节阀，使回风温度保持在所需要的范围。

（2）装设在送风管内的湿度传感器所检测的湿度送往中央控制器与设定点湿度相比较，用比例积分控制，输出相应的电压信号，控制电动蒸汽阀的动作，使送风湿度保持在所需要的范围。

（3）装设在回风管及新风管的温度及湿度传感器所检测的温/湿度送往中央控制器进行回风及新风焓值计算，按回风及新风焓值的比例，输出相应的电压信号，控制回风风门及新风风门的比例开度，使系统节能。

风管温度、湿度传感器如图 2-3 所示。

系统中所有检测数据均可以在显示屏上显示，如新风、回风、送风的温/湿度，过滤器淤塞报警，风机开停状态。

2）冷站控制

由装在冷冻机房内的网络控制器及数字式控制器、中央控制器按内部预先编写的软件程序来控制冷水机组的启停及各设备的连锁启停。

（1）用流量传感器（见图 2-4）测量冷冻水供、回水温度及回水流量，从而计算空调实际的冷负荷。

图 2-3 风管温度、湿度传感器　　　　　图 2-4 流量传感器

（2）根据实际的冷负荷来决定冷水机组开启台数，以达到最佳节能状态。

（3）用温度传感器（见图 2-5）测量冷却水温度，从而控制冷却塔风扇的启停。

（4）用压力传感器（见图 2-6）测量冷冻水系统供、回水总管的压差，从而控制其旁通阀的开度，维持恒定压差。

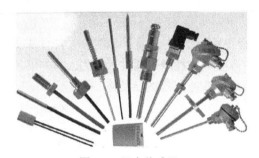

图 2-5 温度传感器　　　　　　　图 2-6 压力传感器

3）冷水机组控制

用温度传感器测量供、回水温度，根据供、回水温度通过中央控制器重新设定温度及负荷的限制等。

4）冷却塔风机控制

用温度传感器测量出水温度，据此控制水泵的启停。

2．安全保卫和消防自动化系统中的传感器

安全保卫和消防自动化系统是以安全为目的，运用安全防范产品和其他相关产品所构成的入侵报警、视频安防监控、出入口控制、防火防爆安全系统。

1）入侵报警传感器

（1）门磁开关型传感器安装在重要单元的大门、阳台门和窗户上。当有人破坏单元的大门或窗户时，门磁开关型传感器立即将这些动作信号传输给报警控制器进行报警。门窗安全

报警系统如图 2-7 所示。

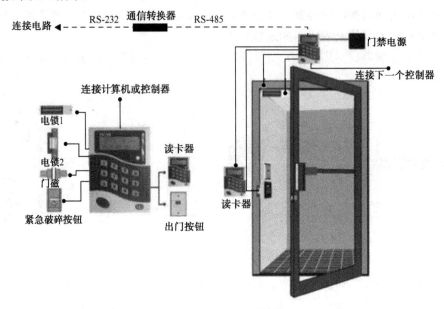

图 2-7　门窗安全报警系统

（2）玻璃破碎探测器安装在窗户和玻璃门附近的墙上或天花板上，如图 2-8 所示。当窗户或阳台门的玻璃被打破时，玻璃破碎探测器探测到玻璃破碎的声音后将探测到的信号传输给报警控制器进行报警。

（3）用红外探测器和红外/微波双鉴探测器（见图 2-9）进行区域防护。红外探测器通过探测到人体的温度来确定有人非法侵入，红外/微波双鉴探测器通过探测到人体的温度和移动来确定有人非法侵入，并将探测到的信号传输给报警控制器进行报警。

图 2-8　玻璃破碎探测器

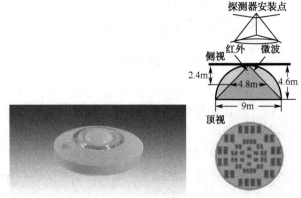

图 2-9　红外/微波双鉴探测器

2）防火防爆安全系统

防火防爆安全系统是由监测触发系统、火灾报警装置及具有其他辅助功能的系统组成的。它能够在火灾初期，将燃烧产生的烟雾、热量和光辐射等物理量，通过感温、感烟和感光等火灾探测器变成电信号，传输到火灾报警控制器，同时显示出火灾发生的部位，记录火灾发生的时间。当中央控制系统确认火灾发生会联动自动喷水灭火系统、室内外消火栓系统、防排烟系统、通风系统、空调系统、防火门、防火卷帘、挡烟垂壁等相关设备时，自动启动相应的装置。火灾报警系统如图 2-10 所示。

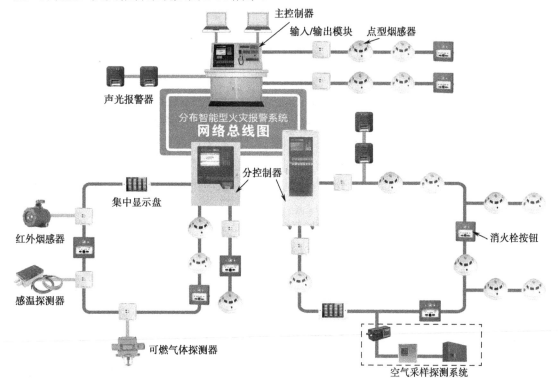

图 2-10　火灾报警系统

（1）感温火灾探测器。一般用于工业和民用建筑中的感温火灾探测器，根据其感热效果和结构形式可分为定温式、差温式及差定温式三种。

①　定温式探测器。定温式探测器是在规定时间内，火灾引起的温度上升超过某个定值时启动报警的火灾探测器。它有线型和点型两种结构。其中，线型定温式探测器是当局部温度上升达到规定值时，可熔绝缘物熔化使两导线短路，从而产生火灾报警信号。点型定温式探测器利用双金属片、易熔金属、热敏半导体电阻元件等，在规定的温度值上产生火灾报警信号，如图 2-11 所示。

图 2-11　点型定温式探测器

② 差温式探测器。差温式探测器是在规定时间内，火灾引起的温度上升速率超过某个规定值时启动报警的火灾探测器。它也有线型和点型两种结构。线型差温式探测器是根据广泛的热效应而动作的。点型差温式探测器是根据局部的热效应而动作的，主要感温器件是热敏半导体电阻元件等。

③ 差定温式探测器。差定温式探测器结合了定温和差温两种作用原理并将两种探测器组合在一起。差定温式探测器一般是热敏半导体电阻式等点型组合式探测器。

（2）感烟火灾探测器。

① 离子感烟式探测器是点型探测器，在电离室内含有少量放射性物质（镅-241），可使电离室内的空气成为导体，允许一定电流在两个电极之间的空气中通过，射线使局部空气成电离状态，经电压作用形成离子流，这就给电离室一个有效的导电性。当烟粒子进入电离化区域时，由于它们与离子相结合而降低了空气的导电性，形成离子移动的减弱。当导电性低于预定值时，探测器发出警报。由于含有放射性元素，回收处理比较麻烦，所以现在已经很少使用。

② 光电感烟探测器也是点型探测器，它是利用起火时产生的烟雾能够改变光的传播特性这一基本性质而研制的。根据烟粒子对光线的吸收和散射作用，光电感烟探测器又分为遮光型和散光型两种。

③ 红外光束感烟探测器是线型探测器，它是对警戒范围内某一线状窄条周围的烟气参数响应的火灾探测器，如图 2-12 所示。它同前面两种点型感烟探测器的主要区别是线型感烟探测器将光束发射器和光电接收器分为两个独立的部分，使用时分装相对的两处，中间用光束连接。红外光束感烟探测器又分为对射型和反射型两种。

图 2-12　红外光束感烟探测器

（3）感光火灾探测器。感光火灾探测器又称火焰探测器，它是用于响应火灾的光特性，即扩散火焰燃烧的光照强度和火焰的闪烁频率的一种火灾探测器。根据火焰的光特性，目前使用的火焰探测器有两种，一种是对波长较短的光辐射敏感的紫外探测器；另一种是对波长较长的光辐射敏感的红外探测器。

（4）可燃气体探测器。可燃气体探测器是对单一或多种可燃气体浓度响应的探测器，有催化型、红外光学型两种类型。

① 催化型可燃气体探测器（见图 2-13）是利用难熔金属铂丝加热后的电阻变化来测定可燃气体浓度的。当可燃气体进入探测器时，在铂丝表面引起氧化反应（无焰燃烧），其产生的热量使铂丝的温度升高，铂丝的电阻率便发生变化。

② 红外光学型可燃气体探测器（见图 2-14）是利用红外传感器通过红外线光源的吸收

原理来检测现场环境的烷烃类可燃气体的。

图 2-13　催化型可燃气体探测器　　　图 2-14　红外光学型可燃气体探测器

实例三　车用传感器

汽车技术发展特征之一就是越来越多的部件采用传感器来实现自动控制。根据传感器的作用，可以分类为测量温度、压力、流量、位置、气体浓度、速度、光亮度、干湿度、距离等功能的汽车传感器。汽车传感器过去单纯用于发动机上，现已扩展到底盘、车身和灯光电气系统上了，分布示意图如图3-1所示。这些系统采用的传感器有100多种。在种类繁多的传感器中，常见的有以下几种。

（1）进气压力传感器：反映进气歧管内的绝对压力大小的变化，是向ECU（发动机电控单元）提供计算喷油持续时间的基准信号。

进气压力传感器可以根据发动机的负荷状态测出进气歧管内的绝对压力，并转换成电信号和转速信号一起送入计算机，作为决定喷油器基本喷油量的依据。广泛采用的是半导体压敏电阻式进气压力传感器。进气压力、温度传感器安装示意图如图3-2所示。

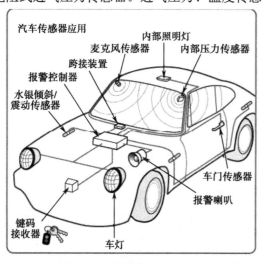

图3-1　汽车传感器分布示意图

图3-2　进气压力、温度传感器安装示意图

（2）空气流量计：测量发动机吸入的空气量，提供给ECU作为喷油时间的基准信号。车用空气流量计如图3-3所示。

空气流量计将吸入的空气转换成电信号送至电控单元（ECU），作为决定喷油的基本信号之一。根据测量原理不同，可以分为旋转翼片式空气流量传感器、卡门涡游式空气流量传感器、热线式空气流量传感器和热膜式空气流量传感器四种。前两者为体积流量型，后两者为质量流量型。

（3）节气门位置传感器：测量节气门打开的角度，提供给ECU作为断油、控制燃油/空气比、点火提前角修正的基准信号，如图3-4所示。

节气门位置传感器安装在节气门上，用来检测节气门的开度。它通过杠杆机构与节气门联动，进而反映发动机的不同工况。此传感器可将检测后发动机的不同工况输入电控单元（ECU），从而控制不同的喷油量。它有三种形式：开关触点式节气门位置传感器、线性可变电阻式节气门位置传感器、综合型节气门位置传感器。

图3-3　车用空气流量计

图3-4　节气门位置传感器

（4）曲轴位置传感器：检测曲轴及发动机转速，提供给 ECU 作为确定点火及工作顺序的基准信号，如图 3-5 所示。

曲轴位置传感器也称曲轴转角传感器，是计算机控制的点火系统中最重要的传感器，其作用是检测上止点信号、曲轴转角信号和发动机转速信号，并将其输入计算机，从而使计算机能按气缸的点火顺序发出最佳点火时刻指令。曲轴位置传感器有三种形式：电磁脉冲式曲轴位置传感器、霍尔效应式曲轴位置传感器、光电效应式曲轴位置传感器。曲轴位置传感器形式不同，其控制方式和控制精度也不同。曲轴位置传感器一般安装于曲轴皮带轮或链轮侧面，有的安装于凸轮轴前端，也有的安装于分电器中。

（5）氧传感器：检测排气中的氧浓度，提供给 ECU 作为控制燃油/空气比在最佳值（理论值）附近的基准信号，如图 3-6 所示。

（6）进气温度传感器：检测进气温度，提供给 ECU 作为计算空气密度的依据，如图 3-7 所示。

（7）冷却液温度传感器：检测冷却液的温度，向 ECU 提供发动机温度信息，如图 3-8 所示。

图3-5　曲轴位置传感器　　图3-6　氧传感器　　图3-7　进气温度传感器　　图3-8　冷却液温度传感器

（8）爆震传感器：安装在缸体上专门检测发动机的爆燃状况，提供给 ECU，根据信号调整点火提前角。爆震传感器安装在发动机的缸体上，随时监测发动机的爆震情况。一般分共振型和非共振型两大类。

在汽车变速器系统中还有车速传感器、温度传感器、轴转速传感器、压力传感器等；方向传感器有转角传感器、转矩传感器、液压传感器；悬架中还有车速传感器、加速度传感器、车身高度传感器、侧倾角传感器、转角传感器等。

实例四　传感器在医学领域中的应用

现代科学技术的迅猛发展，直接推动医学仪器设备的更新和换代，促使临床医学和生物医学的研究不断出现可喜的突破，为疾病的诊治和提高人类的健康水准，发挥着越来越重要的作用。医用传感器作为当今医用电子仪器的关键部件直接为临床诊断、治疗和生物医学研究提供有效的条件，已越来越引起国内外医务人员、工程技术人员的重视和关注，被普遍认为是 20 世纪 80 年代末、90 年代初生物医学科学研究和技术发展的一个重要方向。

医用传感器是把人体的生理信息转换成与之有确定函数关系的电信息的变换装置，是应用于生物医学领域的传感器。作为拾取生命体征信息的"感官"，医用传感器延伸了医生的感觉器官，把定性的感觉扩展为定量的检测，是医用仪器、设备的关键器件。

医用传感器按工作原理可分为以下几种。

1）物理传感器

利用物理性质和物理效应制成的传感器。属于这种类型的传感器最多，例如，金属电阻应变式传感器、半导体压阻式传感器、压电式传感器、光电式传感器等。

2）化学传感器

利用化学性质和化学效应制成的传感器。这种传感器一般通过离子选择性敏感膜将某些化学成分、含量、浓度等非电量转换成与之有对应关系的电学量。例如，不同种类的离子敏感电极、离子敏场效应管、湿度传感器等。

3）生物传感器

采用具有生物活性的物质作为分子识别系统的传感器。这种传感器一般利用酶催化某种生化反应或者通过某种特异性的结合，检测大分子有机物质的种类及含量，是近半个世纪发展起来的新型传感器。例如，酶传感器、微生物传感器、免疫传感器、组织传感器、DNA 传感器等。

4）生物电电极传感器

用于检测机体的各种生物电（心电、脑电、肌电、神经元放电等）。

1．血压检测用传感器

血压自动测量的方法是示波法，也叫振荡法，是 20 世纪 90 年代发展起来的一种比较先进的电子测量方法。其原理如下。

首先把袖带捆在手臂上，对袖带自动充气，到一定压力（一般比收缩压高 30～50mmHg）后停止加压，开始放气。当气压到一定程度，血流就能通过血管，且有一定的振荡波，振荡波通过气管传播到压力传感器，压力传感器能实时检测到所测袖带内的压力及波动。逐渐放气时，振荡波越来越大。再放气时，由于袖带与手臂的接触越来越松，因此压力传感器所检测的压力及波动越来越小。选择波动最大的时刻为参考点，以该点为基础，向前寻找峰值为 0.45 的波动点，这一点所对应的压力为收缩压；向后寻找峰值为 0.75 的波动点，这一点所对应的压力为舒张压；而波动最高的点所对应的压力为平均压。如图 4-1 和图 4-2 所示分别为腕式电子血压计和臂式电子血压计。

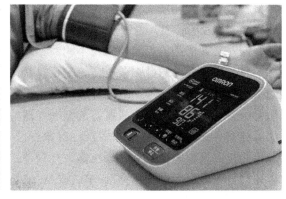

图4-1　腕式电子血压计　　　　　图4-2　臂式电子血压计

用于电子血压计的最关键部件分为两种类型，一种是电容型气体压力传感器，另一种是电阻型气体压力传感器。

2. 血流量检测用传感器

（1）电磁式血流传感器，工作原理如图 4-3 所示。电磁式血流传感器是用手术剥离待测血管后，将血管嵌入其磁气隙中测量血流量的传感器。在垂直于血管轴方向上加一磁场 B，在与 B 垂直的两侧安装电极。因血液是碱性导电体并以均速运动，在恒定的磁场中切割磁力线感应出电动势，然后根据传感器输出的电压值和血管横截面积得出血流量。该传感器可测的最小血管直径达 1mm 以下，结果较为准确，并且可以连续检测血流，因而可作为检测血流量的标准方法。

（2）多普勒频移血流计，工作原理如图 4-4 所示。基于血液中的血细胞等运动微粒会使超声波产生的反射发生频率改变的特性，人们开创了测量流量的多普勒技术。通过公式根据频率改变得到的差频即可求出血流速度。目前此种血流计已成为临床上广为使用的常规无创检测法。

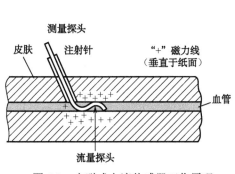

图4-3　电磁式血流传感器工作原理

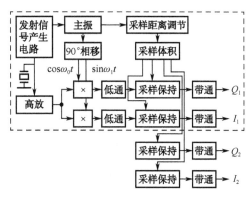

图4-4　多普勒频移血流计工作原理

3．心音检测用传感器

心音信号是人体最重要的生理信号之一，含有关于心脏各个部分，如心房、心室、大血管、心血管及各个瓣膜功能状态的大量病理信息，是心脏及大血管机械运动状况的反映，具有非线性、非平稳的特点。心音来自于人体内部，不容易被复制或模仿，同时还具有独特性，个体的不同，心音信号的表现形式也不相同。对其进行检测分析，可以达到对身份进行识别和验证的目的。此外，通过听取心音，也可以获得用以判断心脏疾病的相关信息。

随着心脏的收缩和舒张，造成瓣膜的迅速打开或关闭，从而形成了由血流湍流引起的振动，脉管中血流的加速也会造成血管的振动，这些振动传到胸腔表面就是心音。

心音传感器采用新型高分子聚合材料微音传感元件采集心脏搏动和其他体表动脉搏动信号，再经过高度集成化信号处理电路进行处理。输出低阻抗功率信号，可直接驱动耳机，也可以连接计算机进行录音，并以 MP3 或 WAV 格式存储。通过附送录音软件可以记录心音信号并且看到心音图谱，进行图谱分析。它可用于临床听诊、心音分析、心音图谱分析等领域。心音传感器如图 4-5 所示，其原理如图 4-6 所示。

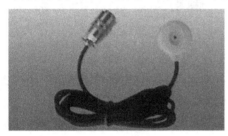

图 4-5　心音传感器

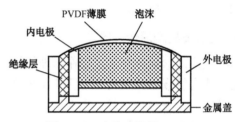

图 4-6　心音传感器原理

附录A 热电偶、热电阻分度表

K 型热电偶分度表

K 参考端温度：0℃，整 10℃ μV 值

℃	0	10	20	30	40	50	60	70	80	90
0	0	397	798	1203	1611	2022	2436	2850	3266	3681
100	4095	4508	4919	5327	5733	6137	6539	6939	7338	7737
200	8137	8537	8938	9341	9745	10151	10560	10969	11381	11793
300	12207	12623	13039	13456	13874	14292	14712	15132	15552	15974
400	16395	16818	17241	17664	18088	18513	18938	19363	19788	20214
500	20640	21066	21493	21919	22346	22772	23198	23624	24050	24476
600	24902	25327	25751	26176	26599	27022	27445	27867	28288	28709
700	29128	29547	29965	30383	30799	31214	31629	32042	32455	32866
800	33277	33686	34095	34502	34909	35314	35718	36121	36524	36925
900	37325	37724	38122	38519	38915	39310	39703	40096	40488	40879
1000	41269	41657	42045	42432	42817	43202	43585	43968	44349	44729
1100	45108	45486	45863	46238	46612	46985	47356	47726	48095	48462
1200	48828	49192	49555	49916	50276	50633	50990	51344	51697	52049
1300	52398	53093	53093	53439	53782	54125	54466	54807		

N 型热电偶分度表

N 参考端温度：0℃，整 10℃ μV 值

℃	0	10	20	30	40	50	60	70	80	90
0	0	261	525	793	1065	1340	1619	1902	2189	2480
100	2774	3072	3374	3680	3989	4302	4618	4937	5259	5585
200	5913	6245	6579	6916	7255	7597	7941	8288	8637	8988
300	9341	9696	10054	10413	10774	11136	11501	11867	12234	12603
400	12974	13346	13719	14094	14469	14846	15225	15604	15984	16336
500	16748	17131	17515	17900	18286	18672	19059	19447	19835	20224
600	20613	21003	21393	21784	22175	22566	22958	23350	23742	24134
700	24527	24919	25312	25705	26098	26491	26883	27276	27669	28062
800	28455	28847	29239	29632	30024	30416	30807	31199	31590	31981
900	32371	32761	33151	33541	33930	34319	34707	35095	35482	35869
1000	36256	36641	37027	37411	37795	38179	38562	38944	39326	39706
1100	40087	40466	40845	41223	41600	41976	42352	42727	43101	43474

续表

℃	0	10	20	30	40	50	60	70	80	90
1200	43846	44218	44588	44958	45326	45694	46060	46425	46789	47152
1300	47513									

E 型热电偶分度表

E 参考端温度：0℃，整 10℃ μV 值

℃	0	10	20	30	40	50	60	70	80	90
0	0	591	1192	1801	2419	3047	3683	4329	4983	5646
100	6317	6996	7683	8377	9078	9787	10501	11222	11949	12681
200	13419	14161	14909	15661	16417	17178	17942	18710	19481	20256
300	21033	21814	22597	23383	24171	24961	25754	26549	27345	28143
400	28943	29744	30546	31350	32155	32960	33767	34574	35382	36190
500	36999	37808	39426	40236	41045	41853	42662	43470	44278	45085
600	45085	45891	46697	47502	48306	49109	49911	50713	51513	52312
700	53110	53907	54703	55498	56291	57083	57873	58663	59451	60237
800	61022	61806	62588	63368	64147	64924	65700	66473	67245	68015
900	68783	69549	70313	71075	71835	72593	73350	74104	74857	75608
1000	76358									

J 型热电偶分度表

J 参考端温度：0℃，整 10℃ μV 值

℃	0	10	20	30	40	50	60	70	80	90
0	0	507	1019	1536	2058	2585	3115	3649	4186	4725
100	5268	5812	6359	6907	7457	8008	8560	9113	9667	10222
200	10777	11332	11887	12442	12998	13553	14108	14663	15217	15771
300	16325	16879	17432	17984	18537	19089	19640	20192	20743	21295
400	21846	22397	22949	23501	24054	24607	25161	25716	26272	26829
500	27388	27949	28511	29075	29642	30210	30782	31356	31933	32513
600	33096	33683	34273	34867	35464	36066	36671	37280	37893	38510
700	39130	39754	40382	41013	41647	42283	42922	43563	44207	44852
800	45498	46144	46790	47434	48076	48716	49354	49989	50621	51249
900	51875	52496	53115	53729	54321	54948	55553	56155	56753	57349
1000	57942	58533	59121	59708	60293	60876	61459	62039	62619	63199
1100	63777	64355	64933	65510	66087	66664	67240	67815	68390	68964
1200	69536									

T 型热电偶分度表

T 参考端温度：0℃，整 10℃ μV 值

℃	0	10	20	30	40	50	60	70	80	90
0	0	391	789	1196	1611	2035	2467	2908	3357	3813
100	4277	4749	5227	5712	6204	6702	7207	7718	8235	8757
200	9286	9820	10360	10905	11456	12011	12572	13137	13707	14281
300	14860	15443	16030	16621	17217	17816				

S 型热电偶分度表

S 参考端温度：0℃，整 10℃ μV 值

℃	0	10	20	30	40	50	60	70	80	90
0	0	55	113	173	235	299	365	432	502	573
100	645	719	795	872	950	1029	1109	1190	1273	1356
200	1440	1525	1611	1698	1785	1873	1962	2051	2141	2232
300	2323	2414	2506	2599	2692	2786	2880	2974	3069	3164
400	3260	3356	3452	3549	3645	3743	3840	3938	4036	4135
500	4234	4333	4432	4532	4632	4732	4832	4933	5034	5136
600	5237	5339	5442	5544	5648	5751	5855	5960	6064	6169
700	6274	6380	6486	6592	6699	6805	6913	7020	7128	7236
800	7345	7454	7563	7672	7782	7892	8003	8114	8225	8336
900	8448	8560	8673	8786	8899	9012	9126	9240	9355	9470
1000	9585	9700	9816	9932	10048	10165	10282	10400	10517	10635
1100	10754	10872	10991	11110	11229	11348	11467	11587	11707	11827
1200	11947	12067	12188	12308	12429	12550	12671	12792	12913	13034
1300	13155	13276	13397	13519	13640	13761	13883	14004	14125	14247
1400	14368	14489	14610	14731	14852	14973	15094	15215	15336	15456
1500	15576	15697	15817	15937	16057	16176	16296	16415	16534	16653
1600	16771	16890	17008	17125	17245	17360	17477	17594	17711	17826

Pt100 型热电偶分度表

Pt100 R（0℃）=100.00Ω，整 10℃ 电阻值Ω

℃	0	10	20	30	40	50	60	70	80	90
0	100.00	103.9	107.79	111.67	115.54	119.4	123.24	127.08	130.9	134.71
100	138.51	142.29	146.07	149.83	153.58	157.33	161.05	164.77	168.48	172.17
200	175.86	179.53	183.19	186.84	190.47	194.1	197.71	201.31	204.9	208.48
300	212.05	215.61	219.15	222.68	226.21	229.72	233.21	236.7	240.18	243.64
400	247.09	250.53	253.96	257.38	260.78	264.18	267.56	270.93	274.29	277.64

续表

℃	0	10	20	30	40	50	60	70	80	90
500	280.98	284.3	287.62	290.92	294.21	297.49	300.75	304.01	307.25	310.49
600	313.71	316.92	320.12	323.3	326.48	329.64	332.79	335.93	339.06	342.18
700	345.28	348.38	351.46	354.53	357.59	360.64	363.67	366.7	369.71	372.71
800	375.70	378.68	381.65	384.6	387.55	390.48				

Cu50 型热电阻分度表

Cu50 R（0℃）=50.000Ω，整 10℃ 电阻值Ω

℃	0	10	20	30	40	50	60	70	80	90
0	50.000	52.144	54.285	56.426	58.565	60.704	62.842	64.981	67.120	69.259
100	71.400	73.542	75.686	77.833	79.982	82.134				

附录B　传感器选型表

WZ	装配式热电阻										
	P	Pt100 铂热电阻									测温元件
	C	Cu50 铜热电阻									
		空缺	单支								元件支数
		2	双支								
			一	0	无固定装置		4	固定法兰			过程连接
				1	可动螺纹		5	活动法兰			
				3	固定螺纹						
					O	普通型					防爆选项
					D	隔爆型					
					E	本安型					
						2	二线制（不宜用于A级）				输出端子形式
						3	三线制				
						4	四线制				
							A	A级			精度等级（仅Pt100）
							B	B级			
								0	ϕ16		保护管直径
								1	ϕ12		
									无	直形	保护管端部形状
									2	缩径型	
										B	1Cr18Ni9Ti	保护管材料
										M	0Cr18Ni12Mo2Ti 或 316钢	
										L	316L 钢	
										E	蒙乃尔合金	
										H	哈式合金	
										T	钛	
										一□□□□	插入深度：单位mm	

WR	装配式热电偶									
	N	镍铬—镍硅，分度号 K								热电极材料
	E	镍铬—铜镍，分度号 E								
		空缺	单支							元件支数
		2	双支							
			—	0	无固定装置		4	固定法兰		过程连接
				1	可动螺纹		5	活动法兰		
				3	固定螺纹					
					O	普通型				防爆选项
					D	隔爆型				
					E	本安型				
						I	I 级			精度等级
						II	II 级			
							1	ϕ16		保护管直径
							2	ϕ20		
								B	1Cr18Ni9Ti	保护管材料
								C	1Cr25Ni20	
								M	0Cr18Ni12Mo2Ti 或 316 钢	
								L	316L 钢	
								E	蒙乃尔合金	
								H	哈式合金	
								T	钛	
								G	GH30	
								Y	3YC—52 合金	
									—□□□□	插入深度：单位 mm

WZ	铠装式热电阻									
	P	铂热电阻								测温元件
	C	铜热电阻								
		K	铠装式							装配形式
			空缺	单支						元件支数
			2	双支						
				—	0	无固定装置				过程连接
					1	可动螺纹				
					3	固定螺纹				
					4	固定法兰				
					5	活动法兰				
						O	普通型			防爆选项
						D	隔爆型			
						E	本安型			
							2	二线制		输出端子形式
							3	三线制		
							4	四线制		
								A	A 级	精度等级
								B	B 级	
								—□□□□	插入深度：单位 mm	

WR	铠装式热电偶									
	N	镍铬—镍硅								测温元件
	E	镍铬—铜镍								
	J	铁—铜镍								
	T	铜—铜镍								
	R	铂铑 10—铂								
		K	铠装式							装配形式
			空缺	单支						元件支数
			2	双支						
					0	无固定装置				过程连接
					1	可动螺纹				
					3	固定螺纹				
					4	固定法兰				
					5	活动法兰				
				—		O	普通型			防爆选项
						D	隔爆型			
						E	本安型			
							I	I 级		精度等级
							II	II 级		
								B	1Cr18Ni9Ti	铠装套材料
								G	GH30 合金	
								—□□□□	插入深度：单位 mm	

PST860	微型压力传感器		
	➤ 超小型压力变送器 ➤ 内部输出：0.5～4.5V DC ➤ 压力量程：−1～250bar ➤ 工作温度：−40～125℃ ➤ 全钛超轻结构：3Grams		
技术规格	PST861	PST863	PST867
压力量程（FS）	5/10/20/40/70/250bar		
	−1/+4bar，−1/+9bar		
	70/150/300/500/1000/3000PSI		
	−14.5/+50PSI；−14.5/+140PSI		
类型	表压 Gage，密封表压 Sealed Gage（量程>40bar）		
过载能力/极限压力	150%FS/300%FS		
输入阻抗	4000±20%	—	—
输出阻抗	3500±20%	—	—
工作电压	5～15V DC	5V DC±10mV	8～16V DC
工作电流	<10mA		
−100%FS（针对±量程）输出	与+100%FS 成比例	0.5V DC	0.5V DC
0%FS 输出	0mV	0.5V DC	0.5V DC
100%FS 输出	1.5mV/V nom	4.5V DC	4.5V DC
零点和灵敏度偏差	±3%FS	±50mV	±50mV
非线性和迟滞	±0.25%FS typ.±0.35%FS max		
可选	—		
不可重复性	±0.02%FS typ.		
信号带宽	1000Hz@-3dB		
可选	3000Hz@-3dB		
绝缘性	>1000MΩ@50V DC		
补偿温度	0～+60℃/32～+140℉		
可选	−25～+85℃/-13～+185℉		
可选	−25～+125℃/-13～+257℉		
工作温度	−40～+125℃/-40～+257℉		
可选	—		
零点和灵敏度漂移	±2.10^{-4}FS/℃		
可选	—		
长期稳定性	±0.1%FS/年		
电气防护	反极性保护		
EMC 防护	EN61000		

续表

PST860	微型压力传感器
标准电气连接	1mTeflon 铠装屏蔽电缆 φ1.6mm，4 线 AWG32
标准机械连接	M5×0.8 外螺纹；10～32UNF 外螺纹
可选	—
接液零部件材质	钛 TA6V（1.444）
重量	3g 不包含电缆
防护等级	IP65 Sealed Gage
附件	Viton 橡胶 O 形圈 4×1.5（标准）
	校准证书和数据（指定温度和压力）可选

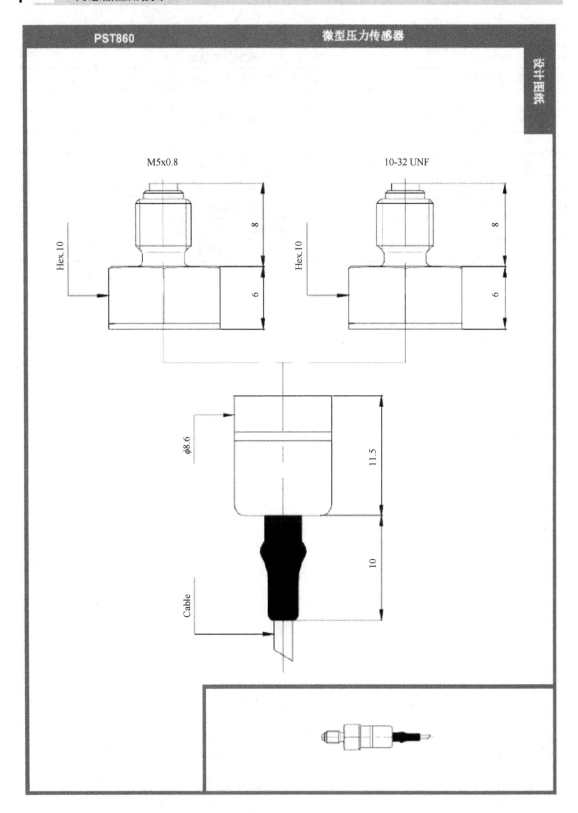

PST860 型号代码										
型号代码参考	PST86	X	X	XXX	XXX	XX	XX	XX	X XX	XX
型号										
Pressure Standard Transducer	PST									
∅8.6mm		86								
输出信号										
1.5mV/V			1							
0.5～4.5V DC（比例）			3							
0.5～4.5V DC			7							
接液部件材质										
钛			T							
压力量程										
正压：20bar				20						
正压负压：−1/4bar				−1/4						
压力单位										
bar					bar					
PSI					PSI					
工作模式										
表压 Gage						G				
密封表压 Sealed Gage						SG				
机械连接										
M5×0.8 外螺纹							05			
10-32UNF 外螺纹							14			
电气连接										
特氟龙电缆 X 米									09/X 米	
补偿温度										
0～+60℃/32～+140℉									A	
−25～+85℃/−13～+185℉									B	
−25～+125℃/−13～+257℉									C	
精度										
±0.25%FS（标准）									0	
温漂										
±2.10⁻⁴FS/℃（标准）									0	
可选										
N/A										00
带宽 3000Hz@-3dB										B

PGP160（原P940）	高精度压力传感器		
	➢ 超小型压力变速器 ➢ 内置输出 ➢ 高精度 ➢ 工作温度：−40～125℃ ➢ 不锈钢结构		
技术规格	PGP161	PGP164	PGP167
压力量程（FS）	5/10/20/40/70/250/400/600bar		
	−1/+2bar，−1/+5bar		
	70/150/300/500/1000/3000/5000/8000PSI		
	−14.5/+30PSI；−14.5/+70PSI		
类型	绝压 Absolute，表压 Gage，密封表压 Sealed Gage（量程>40bar）		
过载能力/极限压力	150%FS/300%FS		
输入阻抗	4000±20%	—	—
输出阻抗	3500±20%	—	—
工作电压	5～15V DC	8V DC±30mV	8～16V DC
工作电流	<10mA		
−100%FS（针对±量程）输出	与+100%FS 成比例	与+100%FS 成比例	0.5V DC
0%FS 输出	0mV	0.5V DC	0.5V DC
100%FS 输出	1.5mV/V nom	4.5V DC	4.5V DC
零点和灵敏度偏差	±3%FS	±50mV	±50mV
非线性和迟滞	±0.25%FS	±0.1%FS	±0.1%FS
可选	±0.05%FS		
不可重复性	±0.02%FS typ.		
信号带宽	1000Hz@−3dB		
可选			3000Hz@−3dB
绝缘性	>1000MΩ@50V DC		
补偿温度	0～+60℃/32～+140℉		
可选	−25～+85℃/−13～+185℉		
可选	−25～+125℃/−13～+257℉		
工作温度	−40～+125℃/−40～+257℉		
可选	—		
零点和灵敏度漂移	±1.10^{-4}FS/℃		
可选	—		
长期稳定性	±0.1%FS/年		
电气防护	反极性保护		
EMC 防护	EN61000		

续表

PGP160（原 P940）	高精度压力传感器
标准电气连接	1mViton 铠装屏蔽电缆 ϕ3mm，4 线 AWG26
	MIL-C26482 插座 6 针
标准机械连接	M5×0.8 外螺纹；10-32UNF 外螺纹
可选	M10×1 外螺纹；3/8-24UNF 外螺纹
接液零部件材质	不锈钢 316L（1.4404），15-5PH（1.4545）和 17-4PH（1.4542）
重量	<3g 不包含电缆
防护等级	IP65 Sealed Gage
附件	Viton 橡胶 O 形圈 4×1.5（标准）
	校准证书和数据（指定温度和压力）可选

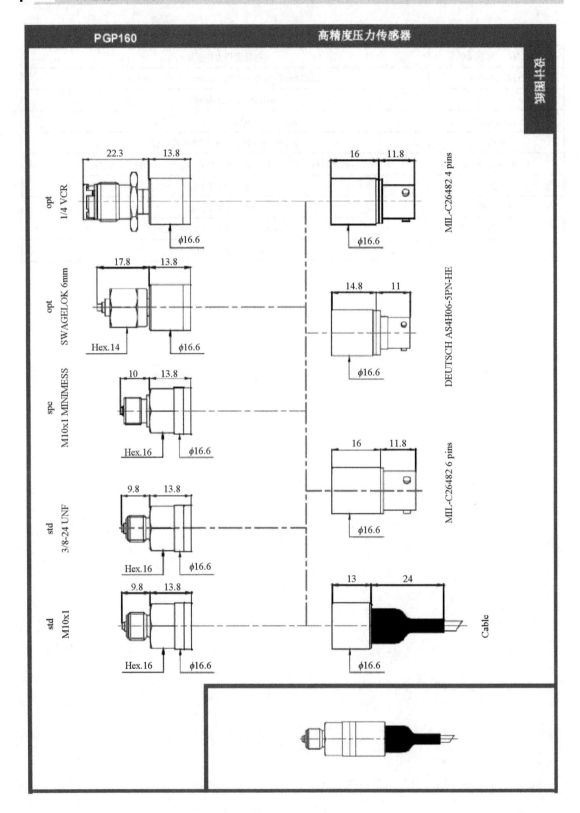

PGP160　　　　　高精度压力传感器

设计图纸

PGP160 型号代码									
型号代码参考	PGP16	X	X	XXX	XXX	XX	XX	XX	X XX	XX
型号										
Pressure Global Per mance	PGP									
ϕ16.6mm		16								
输出信号										
1.5mV/V			1							
0.5～4.5V DC（比例）			4							
0.5～4.5V DC			7							
接液部件材质										
不锈钢			S							
压力量程										
正压：20bar				20						
正压负压：-1/+2bar				-1/2						
压力单位										
bar						bar				
PSI						PSI				
工作模式										
表压 Gage							G			
密封表压 Sealed Gage							SG			
电压 Absolute							A			
机械连接										
M10×1 外螺纹								02		
3/8-24UNF 外螺纹								11		
M10×1Minimess®								16		
6mm Swagelok® tubing								15		
1/4 VCR® 外螺纹								22		
电气连接										
Viton 电缆 X 米									08/X 米	
MIL-26482 插座（6 针）									03	
Deutsch® Autosport AS4H06-05-PN									05	
MIL-26482 插座（4 针）									14	
补偿温度										
0～+60℃/32～+140℉										A
-25～+85℃/-13～+185℉										B

续表

PGP160 型号代码									
−25～+125℃/−13～+257℉								C	
精度									
±0.25%FS（标准）								0	
温漂									
±2.10^{-4}FS/℃（标准）								0	
可选									
N/A									00
EPDM O'ring									E

接近传感器（Electromagnetic Sensors）

型号代码（Type Codes）

电感式，电容式，磁式（Inductive, Capacitive and Magnetic Sensors）

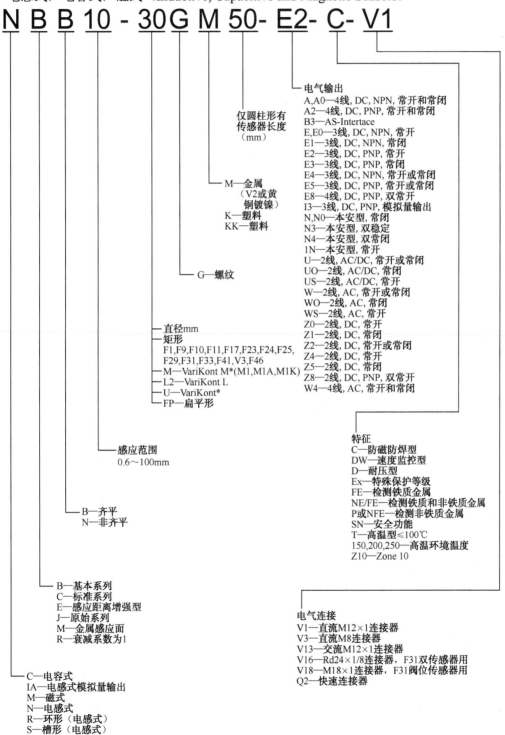

N B B 10 - 30G M 50- E2- C- V1

电气输出
A,A0—4线, DC, NPN, 常开和常闭
A2—4线, DC, PNP, 常开和常闭
B3—AS-Intertace
E,E0—3线, DC, NPN, 常开
E1—3线, DC, NPN, 常闭
E2—3线, DC, PNP, 常开
E3—3线, DC, PNP, 常闭
E4—3线, DC, NPN, 常开或常闭
E5—3线, DC, PNP, 常开或常闭
E8—4线, DC, PNP, 双常开
I3—3线, DC, PNP, 模拟量输出
N,N0—本安型, 常闭
N3—本安型, 双稳定
N4—本安型, 双常闭
1N—本安型, 常开
U—2线, AC/DC, 常开或常闭
UO—2线, AC/DC, 常闭
US—2线, AC/DC, 常开
W—2线, AC, 常开或常闭
WO—2线, AC, 常闭
WS—2线, AC, 常开
Z0—2线, DC, 常开
Z1—2线, DC, 常闭
Z2—2线, DC, 常开或常闭
Z4—2线, DC, 常闭
Z5—2线, DC, 常闭
Z8—2线, DC, PNP, 双常开
W4—4线, AC, 常开和常闭

仅圆柱形有
传感器长度
（mm）

M—金属
（V2或黄
铜镀镍）
K—塑料
KK—塑料

G—螺纹

直径mm
矩形
F1,F9,F10,F11,F17,F23,F24,F25,
F29,F31,F33,F41,V3,F46
M—VariKont M*(M1,M1A,M1K)
L2—VariKont L
U—VariKont*
FP—扁平形

特征
C—防磁防焊型
DW—速度监控型
D—耐压型
Ex—特殊保护等级
FE—检测铁质金属
NE/FE—检测铁质和非铁质金属
P或NFE—检测非铁质金属
SN—安全功能
T—高温型≤100℃
150,200,250—高温环境温度
Z10—Zone 10

感应范围
0.6~100mm

B—齐平
N—非齐平

B—基本系列
C—标准系列
E—感应距离增强型
J—原始系列
M—金属感应面
R—衰减系数为1

电气连接
V1—直流M12×1连接器
V3—直流M8连接器
V13—交流M12×1连接器
V16—Rd24×1/8连接器, F31双传感器用
V18—M18×1连接器, F31阀位传感器用
Q2—快速连接器

C—电容式
IA—电感式模拟量输出
M—磁式
N—电感式
R—环形（电感式）
S—槽形（电感式）

电感式传感器（Inductive Sensors）
槽形和环形（Slot·Ring housing）
检测范围（Sensing range）：槽形（Slot），3.5～30mm；环形（Ring），21～43mm

外壳材料：工程塑料（PBT/ABS）

尺　　寸：槽宽 3.5～30mm

　　　　　圆环直径 21～43mm

防护等级：IP67（EN 60529）

环境温度：-25～70℃

符合标准：EN 60947-5-2（电磁兼容管理）

　　　　　IEC 60068-2-6（冲击实验）

　　　　　NEMA ICS5-2000

工作形式	型号	Sn	安装方式			电源电压		输出							保护		连接方式		
			齐平安装	非齐平安装	螺纹安装	10~30V DC	20~253V AC	NPN	PNP	常闭	常开	LED指示，黄色	最大负载电流（mA）	开关频率（Hz）	反极性保护	短路保护	0.5m柔性导线	电缆（2m）	连接器
DC 2 线																			
	SB3.5-E2	3.5				●			●		●	●	100	2k	●	●	●		
DC 3 线	SJ10-E	10				●		●			●		200	1k	●	●		●	
	SJ10-E2	10				●			●		●		200	1k	●	●		●	
	SJ15-E	15				●		●			●		200	500	●	●		●	
	RJ15-E2	15				●			●		●		200	500	●	●		●	
	RJ21-E	21				●		●			●		200	1k	●	●		●	
	RJ21-E2	21				●			●		●		200	1k	●	●		●	
	RJ43-E	43				●		●			●		200	500	●	●		●	
	RJ43-E2	43				●			●		●		200	500	●	●		●	
DC 4 线	SJ15-A	15				●		●		●	●		200	500	●	●		●	
	SJ15-A2	15				●			●	●	●		200	500	●	●		●	
	SJ30-A	30				●		●		●	●		200	150	●	●		●	
	SJ30-A2	30				●			●	●	●		200	150	●	●		●	
AC 2 线	SJ15-WS	15					●					●	500	25				●	
	SJ15-WO	15					●				●		500	25				●	
	SJ30-WS	30					●					●	500	25				●	
	SJ30-WO	30					●				●		500	25				●	

外形尺寸（Dimensions）

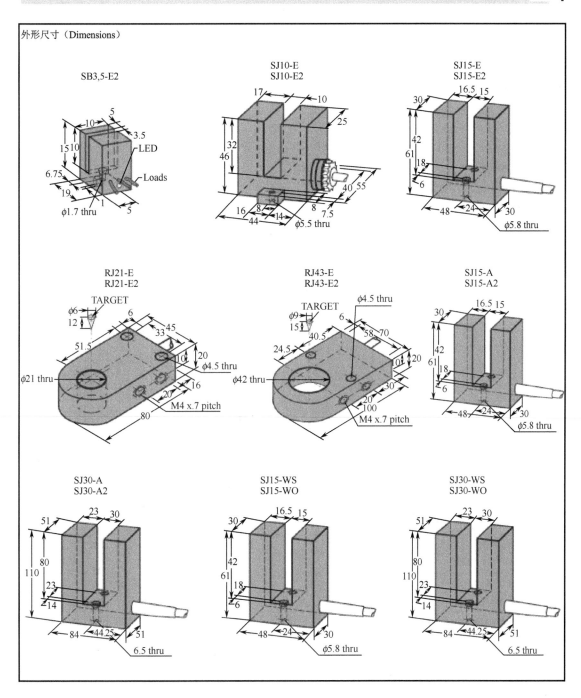

电感式传感器（Inductive Sensors）
圆柱形（Cylindrical type）◆ M3，M4 和 M5
检测范围（Sensing range）：0.6～0.8mm

外壳材料：金属
尺　寸：光面3mm 和 4mm
　　　　螺纹 M4 和 M5
防护等级：IP67（EN 60529）
环境温度：−25～70℃
符合标准：EN 60947-5-2（电磁兼容管理）
　　　　　IEC 60068-2-6（冲击实验）
　　　　　NEMA ICS5-2000

工作形式	型号	Sn	安装方式			电源电压			输出								保护		连接方式	
		感应距离（mm）	齐平安装	非齐平安装	螺纹安装	10~30V DC	10~60V DC	20~250V AC	NPN	PNP	常开	常闭	环形LED指示，黄色	LED指示，黄色	最大负载电流（mA）	开关频率（Hz）	反极性保护	短路保护	电缆（2m）	连接器
DC 2 线																				
DC 3 线	NJ0,6-3-22-E	0.6	●			●			●		●			●	100	3k	●	●	●	
	NJ0,6-3-22-E2	0.6	●			●				●	●			●	100	3k	●	●	●	
	NJ0,6-4GM22-E	0.6	●	●	●	●			●		●			●	100	3k	●	●	●	
	NJ0,6-4GM22-E2	0.6	●	●	●	●				●	●			●	100	3k	●	●	●	
	NBB0,8-4M25-E0	0.8	●			●			●		●			●	100	3k	●	●	●	
	NBB0,8-4M25-E2	0.8	●			●				●	●			●	100	3k	●	●	●	
	NBB0,8-5GM25-E0	0.8	●	●	●	●			●		●			●	100	3k	●	●	●	
	NBB0,8-5GM25-E2	0.8	●	●	●	●				●	●			●	100	3k	●	●	●	
DC 4 线																				
AC 2 线																				

外形尺寸（Dimensions）

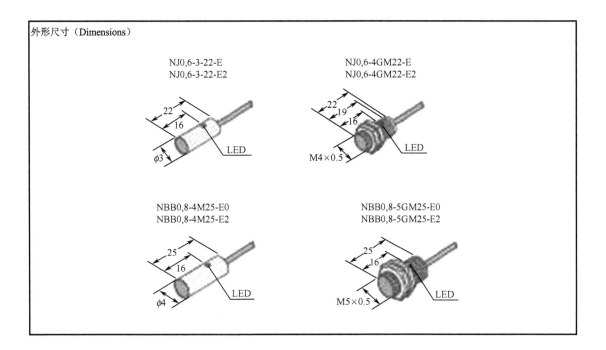

NJ0,6-3-22-E
NJ0,6-3-22-E2

NJ0,6-4GM22-E
NJ0,6-4GM22-E2

NBB0,8-4M25-E0
NBB0,8-4M25-E2

NBB0,8-5GM25-E0
NBB0,8-5GM25-E2

电感式传感器（Inductive Sensors）
圆柱形（Cylindrical type）◆ M6.5
检测范围（Sensing range）：1.5～3mm

外壳材料：金属
尺　寸：光面6.5mm
防护等级：IP67（EN 60529）
环境温度：-25～70℃
符合标准：EN 60947-5-2（电磁兼容管理）
　　　　　IEC 60068-2-6（冲击实验）
　　　　　NEMA ICS5-2000

工作形式	型号	Sn	安装方式			电源电压			输出								保护		连接方式	
		感应距离（mm）	齐平安装	非齐平安装	螺纹安装	10~30V DC	10~60V DC	20~250V AC	NPN	PNP	常开	常闭	环形LED指示，黄色	LED指示，黄色	最大负载电流（mA）	开关频率（Hz）	反极性保护	短路保护	电缆（2m）	连接器
DC 2线																				
DC 3线	NJ1,5-6,5-50-E	1.5	●				●		●		●			●	100	5k	●	●	●	
	NJ1,5-6,5-40-E2	1.5	●				●			●	●			●	100	500	●	●	●	
	NJ1,5-6,5-40-E2-V3	1.5	●				●			●	●				100	500	●	●		V3
	NJ2-6,5-50-E	2.0		●			●		●		●			●	100	3k	●	●	●	
	NJ2-6,5-50-E-V3	2.0		●			●		●		●			●	100	3k				V3
	NBB2-6,5M30-E2	2.0	●		●		●			●	●			●	100	3k	●	●	●	
	NBB2-6,5M25-E2-V3	2.0	●				●				●		●		100	3k				V3
	NJ2-6,5-40-E2	2.0		●			●			●	●			●	100	400	●	●	●	
	NBN3-6,5M30-E2	3.0		●						●	●			●	100	2k	●	●	●	
	NBN3-6,5M25-E2-V3	3.0	●		●					●	●			●	100	2k	●	●		V3
DC 4线																				
AC 2线																				

外形尺寸（Dimensions）

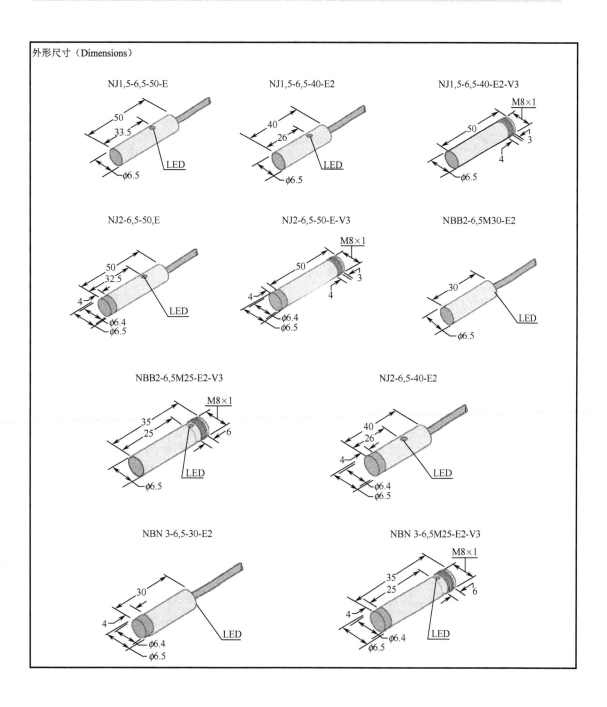

NJ1,5-6,5-50-E

NJ1,5-6,5-40-E2

NJ1,5-6,5-40-E2-V3

NJ2-6,5-50,E

NJ2-6,5-50-E-V3

NBB2-6,5M30-E2

NBB2-6,5M25-E2-V3

NJ2-6,5-40-E2

NBN 3-6,5-30-E2

NBN 3-6,5M25-E2-V3

| 电感式传感器（Inductive Sensors） |
| 塑料圆柱形（Plastic cylindrical type）◆ M12，M18，M30 |
| 检测范围（Sensing range）：2～15mm |

外壳材料：塑料
尺　寸：螺纹 M12，M18，M30
防护等级：直流传感器，IP68/IP60K；交流传感器，IP68
环境温度：−25～70℃
符合标准：EN 60947-5-2（电磁兼容管理）
　　　　　IEC 60068-2-6（冲击实验）
　　　　　NEMA ICS5-2000

工作形式	型号	Sn 感应距离(mm)	齐平安装	非齐平安装	螺纹安装	5~30V DC	10~30V DC	20~250V AC	NPN	PNP	常开	常闭	LED指示,红色	全LED指示,黄色	环形LED指示,黄色	LED指示,黄色	最大负载电流(mA)	开关频率(Hz)	反极性保护	短路保护	电缆(2m)	连接器
DC 2线																						
DC 3线	NBB2-12GK50-E0	2	●		●		●			●	●					●	200	1.5k	●	●	●	
	NBB2-12GK50-E2	2	●		●		●			●		●				●	200	1.5k	●	●	●	
	NBN4-12GK50-E0	4		●	●		●			●	●					●	200	1.2k	●	●	●	
	NBN4-12GK50-E2	4		●	●		●			●		●				●	200	1.2k	●	●	●	
	NBB5-18GK50-E0	5	●		●		●			●	●					●	200	1k	●	●	●	
	NBB5-18GK50-E2	5	●		●		●			●		●				●	200	1k	●	●	●	
	NBN8-18GK50-E0	8		●	●		●			●	●					●	200	500	●	●	●	
	NBN8-18GK50-E2	8		●	●		●			●		●				●	200	500	●	●	●	
	NBB10-30GK50-E0	10	●		●		●			●	●				●		200	200	●	●	●	
	NBB10-30GK50-E2	10	●		●		●			●		●			●		200	200	●	●	●	
	NBN15-30GK50-E0	15		●	●		●			●	●				●		200	200	●	●	●	
	NBN15-30GK50-E2	15		●	●		●			●		●			●		200	200	●	●	●	
DC 4线																						
AC 2线	NBB5-18GK-WO	5	●		●			●				●					200	20			●	
	NBB5-18GK-WS	5	●		●			●			●						200	20			●	
	NBN8-18GK-WO	8		●	●			●				●					200	20			●	
	NBN8-18GK-WS	8		●	●			●			●						200	20			●	
	NBB10-30GK-WO	10	●		●			●				●					200	25			●	
	NBB10-30GK-WS	10	●		●			●			●						200	25			●	
	NBN15-30GK-WO	15		●	●			●				●					200	25			●	
	NBN15-30GK-WS	15		●	●			●			●						200	25			●	

外形尺寸（Dimensions）

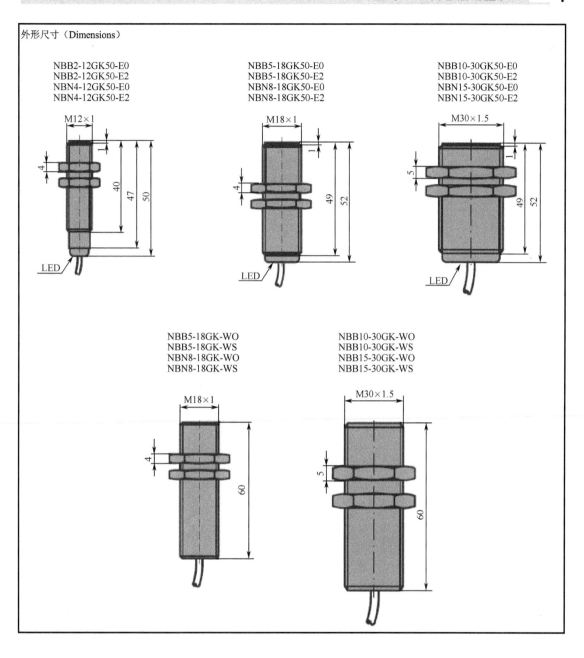

NBB2-12GK50-E0
NBB2-12GK50-E2
NBN4-12GK50-E0
NBN4-12GK50-E2

NBB5-18GK50-E0
NBB5-18GK50-E2
NBN8-18GK50-E0
NBN8-18GK50-E2

NBB10-30GK50-E0
NBB10-30GK50-E2
NBN15-30GK50-E0
NBN15-30GK50-E2

NBB5-18GK-WO
NBB5-18GK-WS
NBN8-18GK-WO
NBN8-18GK-WS

NBB10-30GK-WO
NBB10-30GK-WS
NBB15-30GK-WO
NBB15-30GK-WS

电感式传感器（Inductive Sensors）
矩形（Rectangular type）◆ V3，F 系列
检测范围（Sensing range）：2～6mm

外壳材料：工程塑料
防护等级：IP67（EN 60529）
环境温度：−25～70℃
符合标准：EN 60947-5-2（电磁兼容管理）
　　　　　IEC 60068-2-6（冲击实验）
　　　　　NEMA ICS5-2000

工作形式	型号	Sn 感应距离(mm)	安装方式 齐平安装	非齐平安装	螺纹安装	电源电压 10~30V DC	5~60V DC	10~60V DC	输出 NPN	PNP	常开	常闭	LED指示，黄色	最大负载电流(mA)	开关频率(Hz)	保护 反极性保护	短路保护	连接方式 电缆PVC(0.1m)	电缆PUR(2m)	Faston 4.8mm
DC 2线	NBB3-V3-Z4	3	●				●				●		●	100	2k	●		●		
	NBB3-V3-Z4-V5	3	●				●				●		●	100	2k	●				●
	NBB3-V3-Z5	3	●				●					●	●	100	2k	●		●		
	NBB3-V3-Z5-V5	3	●				●					●	●	100	2k	●				●
DC 3线	NBB2-V3-E0	2	●				●		●		●		●	100	1k	●	●	●		
	NBB2-V3-E0-V5	2	●				●		●		●		●	100	1k	●	●			●
	NBB2-V3-E2	2	●				●			●	●		●	100	1k	●	●	●		
	NBB2-V3-E2-V5	2	●				●			●	●		●	100	1k	●	●			●
	NBN4-V3-E0	4		●			●		●		●		●	100	500	●	●	●		
	NBN4-V3-E2	4		●			●			●	●		●	100	500	●	●	●		
	NJ6-F-E	6	●					●	●		●		●	200	500	●	●		●	
	NJ6-F-E2	6	●					●		●	●		●	200	500	●	●		●	
DC 4线	NJ6-F-A	6	●					●	●	●	●	●	●	200	500	●	●		●	
	NJ6-F-A2	6	●					●		●	●	●	●	200	500	●	●		●	
AC 2线																				

外形尺寸（Dimensions）

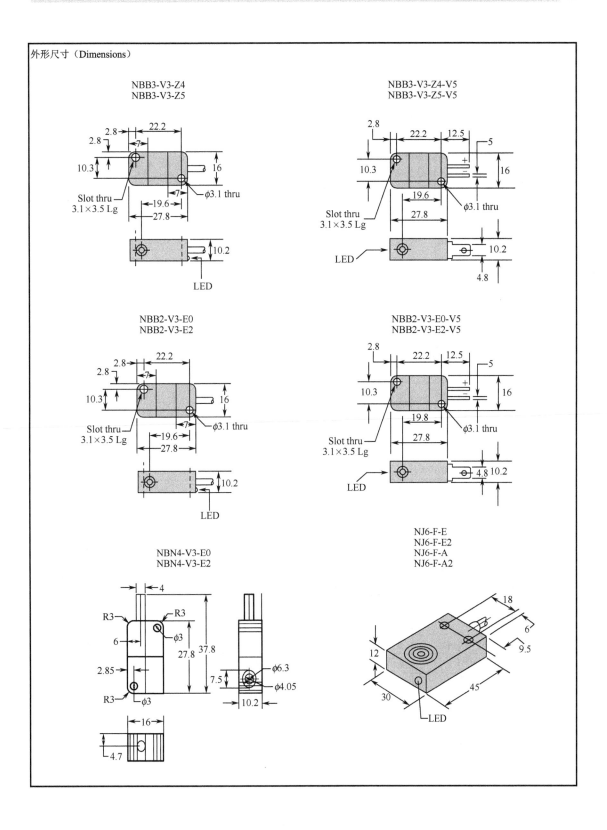

NBB3-V3-Z4
NBB3-V3-Z5

NBB3-V3-Z4-V5
NBB3-V3-Z5-V5

NBB2-V3-E0
NBB2-V3-E2

NBB2-V3-E0-V5
NBB2-V3-E2-V5

NBN4-V3-E0
NBN4-V3-E2

NJ6-F-E
NJ6-F-E2
NJ6-F-A
NJ6-F-A2

电感式传感器（Inductive Sensors）																			
矩形（Rectangular type）◆ Varikont L																			
检测范围（Sensing range）：20～40mm																			

外壳材料：工程塑料（PBT）
防护等级：IP67（EN 60529）
环境温度：-25～70℃
符合标准：EN 60947-5-2（电磁兼容管理）
　　　　　IEC 60068-2-6（冲击实验）
　　　　　NEMA ICS5-2000

工作形式	型号	Sn 感应距离（mm）	安装方式			电源电压			输出							保护		连接方式	
			齐平安装	非齐平安装	螺纹安装	10～30V DC	10～60V DC	20～250V AC	NPN	PNP	常开	常闭	LED指示，黄色	最大负载电流（mA）	开关频率（Hz）	反极性保护	短路保护	接线端子	连接器
DC 2 线																			
DC 3 线	NBB20-L2-E0-V1	20	●			●			●		●		●	200	150	●	●		V1
	NBB20-L2-E2-V1	20	●			●				●	●		●	200	150	●	●		V1
	NBN30-L2-E0-V1	30		●		●			●		●		●	200	150	●	●		V1
	NBN30-L2-E2-V1	30		●		●				●	●		●	200	150	●	●		V1
	NBN40-L2-E0-V1	40		●		●			●		●		●	200	150	●	●		V1
	NBN40-L2-E2-V1	40		●		●				●	●		●	200	150	●	●		V1
DC 4 线	NBB20-L2-A0-V1	20	●			●			●		●	●	●	200	150	●	●		V1
	NBB20-L2-A2-V1	20	●			●				●	●	●	●	200	150	●	●		V1
	NBN30-L2-A0-V1	30		●		●			●		●	●	●	200	150	●	●		V1
	NBN30-L2-A2-V1	30		●		●				●	●	●	●	200	150	●	●		V1
DC 4 线	NBN40-L2-A0-V1	40		●		●			●		●	●	●	200	150	●	●		V1
	NBN40-L2-A2-V1	40		●		●				●	●	●	●	200	150	●	●		V1
AC 2 线																				

外形尺寸（Dimensions）

NBB20-L2-...-V1
NBB30-L2-...-V1
NBB40-L2-...-V1

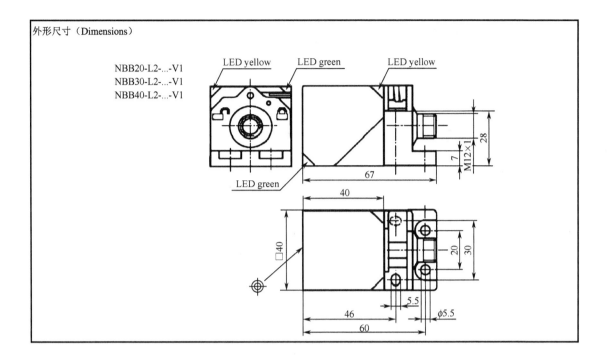

特殊电感式传感器（Special Inductive Sensors, Pile Driver™）

Pile Driver™ 圆柱形（Cylindrical type）◆ M8，M12

检测范围（Sensing range）：1.5～2mm

外壳材料：高级不锈钢
尺　寸：螺纹 M8/M12
防护等级：IP67，IP68（EN 60529）
环境温度：-25～70℃
符合标准：EN 60947-5-2（电磁兼容管理）
　　　　　IEC 60068-2-6（冲击实验）
　　　　　NEMA ICS5-2000

工作形式	型号	Sn 感应距离(mm)	齐平安装	非齐平安装	螺纹安装	6～30V DC	10～30V DC	20～140V AC/20～300V DC	NPN	PNP	常开	常闭	LED指示，红色	全方位LED指示，黄色	环形LED指示，黄色	LED指示，黄色	最大负载电流(mA)	开关频率(Hz)	反极性保护	短路保护	电缆(2m)	连接器
DC 2线	NMB2-12GM75-Z0-FE-V1	2	●		●	●					●				●		100	50	●			V1
DC 3线	NMB1.5-8GM50-E0-FE	1.5	●	●			●		●		●		●				100	80	●	●	●	
	NMB1.5-8GM65-E0-FE-V1	1.5	●	●			●		●		●		●				100	80	●	●		V1
	NMB1.5-8GM65-E0-FE-V3	1.5	●	●			●		●		●		●				100	80	●	●		V3
	NMB1.5-8GM50-E2-FE	1.5	●	●			●			●	●		●				100	80	●	●	●	
	NMB1.5-8GM65-E2-FE-V1	1.5	●	●			●			●	●		●				100	80	●	●		V1
	NMB1.5-8GM65-E2-FE-V3	1.5	●	●			●			●	●		●				100	80	●	●		V3
	NMB2-12GM55-E0-FE	2	●	●			●		●		●				●		200	150	●	●	●	
	NMB2-12GM65-E0-FE-V1	2	●	●			●		●		●					●	200	100	●	●		V1
	NMB2-12GM55-E2-FE	2	●	●			●			●	●				●		200	150	●	●	●	
	NMB2-12GM65-E2-FE-V1	2	●	●			●			●	●					●	200	100	●	●		V1
	NMB2-12GM65-E0-NFE-V1	2	●	●			●		●		●						200	15	●	●		V1
	NMB2-12GM65-E2-NFE-V1	2	●	●			●			●	●						200	15	●	●		V1
DC 4线																						
AC/DC 2线	NMB2-12GM80-US-FE	2	●	●				●			●		●				200	20		●	●	
	NMB2-12GM85-US-FE-V12	2	●	●				●			●		●				200	30		●		V12
	NMB2-12GM80-US-NFE	2	●	●				●			●						200	20		●	●	
	NMB2-12GM85-US-NFE-V12	2	●	●				●			●						200	15		●		V12

外形尺寸 Dimensions

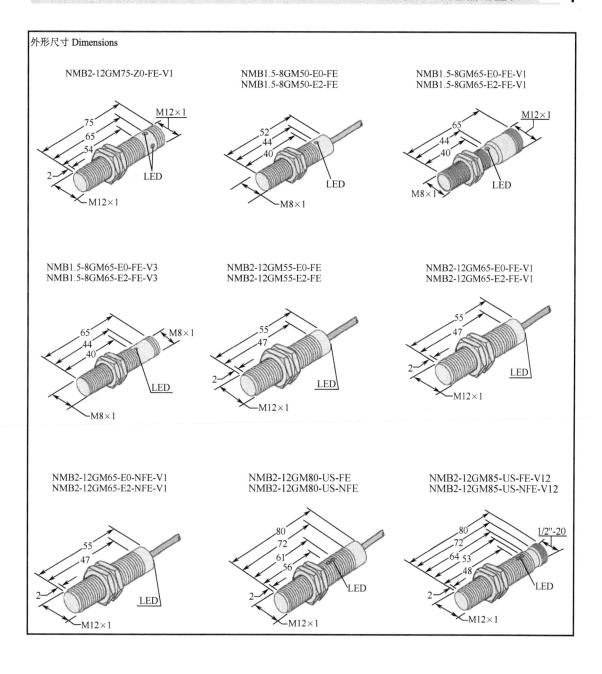

NMB2-12GM75-Z0-FE-V1

NMB1.5-8GM50-E0-FE
NMB1.5-8GM50-E2-FE

NMB1.5-8GM65-E0-FE-V1
NMB1.5-8GM65-E2-FE-V1

NMB1.5-8GM65-E0-FE-V3
NMB1.5-8GM65-E2-FE-V3

NMB2-12GM55-E0-FE
NMB2-12GM55-E2-FE

NMB2-12GM65-E0-FE-V1
NMB2-12GM65-E2-FE-V1

NMB2-12GM65-E0-NFE-V1
NMB2-12GM65-E2-NFE-V1

NMB2-12GM80-US-FE
NMB2-12GM80-US-NFE

NMB2-12GM85-US-FE-V12
NMB2-12GM85-US-NFE-V12

| 特殊电感式传感器（Special Inductive Sensors） |
| 阀位回讯器（Valve position sensors with feed back signaling） |
| F31 系列 |

外壳材料：PBT
防护等级：IP67
符合标准：EN 60947-5-2（电磁兼容管理）
EN 60947-5-6（NAMUR）

工作形式	型号	Sn 最大感应距离（mm）	安装方式		工作电压			输出								保护			连接方式		
			齐平安装	非齐平安装	10~30V DC	6~60V DC	8V DC	PNP	常开	常闭	LED指示灯（绿色）	LED指示灯（黄色）	最大负载电流（mA）	最大开关频率（Hz）	反极性保护	短路保护	防护等级	电缆	连接器	接线端子
DC 4 线	NBN3-F31-E8-V1	3	●		●			●	●		●	●	100	500	●	●	67		V1	
	NBN3-F31-E8-V18	3	●		●			●	●		●	●	100	500	●	●	67		V18	
	NBN3-F31-E8-K	3	●		●			●	●		●	●	100	500	●	●	67	●		
	NBN3-F31-E8-K-K	3	●		●			●	●		●	●	100	500	●	●	67	●		
AC 2 线	NBN3-F31-Z8-V1	3	●			●			●			●	100	500	●		67		V1	
	NBN3-F31-Z8-V18	3	●			●			●			●	100	500	●		67		V18	
	NBN3-F31-Z8-K	3	●			●			●			●	100	500	●		67	●		
	NBN3-F31-Z8-K-K	3	●			●			●			●	100	500	●		67	●		

外形尺寸（Dimensions）

选项：-V1 -V18

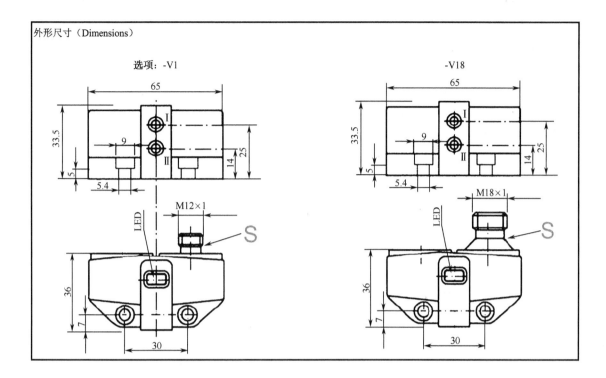

电容式传感器（Capacitive Sensors）

圆柱形（Cylindrical type）◆M12，M18，M30

检测范围（Sensing range）：4～10mm

外壳材料：工程塑料（PBT）/金属

尺　　寸：螺纹 M12，M18，M30

防护等级：IP65/IP67（EN 60529）

环境温度：−25～70℃

符合标准：EN 60947-5-2（电磁兼容管理）

　　　　　IEC 60068-2-6（冲击实验）

　　　　　NEMA ICS5-2000

工作形式	型号	Sn 感应距离（mm）	灵敏度调节	齐平安装	非齐平安装	螺纹安装	10~30V DC	10~60V DC	20~253V AC	NPN	PNP	常开	常闭	LED指示，黄色	最大负载电流（mA）	开关频率（Hz）	反极性保护	短路保护	防护等级IP	工程塑料级PBT	黄铜	高级铜	电缆（2m）	连接器
DC 2 线																								
DC 3 线	CJ4-12GM-E	4	●	●		●	●			●		●		●	200	100	●	●	65				●	●
	CJ4-12GM-E2	4	●	●		●	●				●	●		●	200	100	●	●	65				●	●
	CJ8-18GM-E	8	●	●		●	●			●		●		●	300	100	●	●	67				●	●
	CJ8-18GM-E2	8	●	●		●	●				●	●		●	300	100	●	●	67				●	●
	CJ8-18GM-E2-V1	8	●	●		●	●				●	●		●	300	100	●	●	67		●			V1
	CJ10-30GM-E	10	●		●	●	●			●		●		●	200	10	●	●	67				●	●
	CJ10-30GM-E2	10	●		●	●	●				●	●		●	200	10	●	●	67				●	●
	CJ10-30GM-E2-V1	10	●		●	●	●				●	●		●	200	10	●	●	67			●		V1
	CJ10-30GK-E	10	●		●	●	●			●		●		●	200	10	●	●	65	●				●
	CJ10-30GK-E2	10	●		●	●	●				●	●		●	200	10	●	●	65	●				●
DC 4 线	CJ10-30GM-A	10	●		●	●	●			●		●	●	●	200	10	●	●	67				●	●
	CJ10-30GM-A2	10	●		●	●	●				●	●	●	●	200	10	●	●	67				●	●
	CJ10-30GM-A2-V1	10	●		●	●	●				●	●	●	●	200	10	●	●	67			●		V1
AC 2/3 线	CJ10-30GM-WO	10	●		●	●			●			●		●	200	10			67				●	●
	CJ10-30GM-WS	10	●		●	●			●				●	●	200	10			67				●	●
	CJ10-30GK-WO	10	●		●	●			●			●		●	200	10			67	●				●
	CJ10-30GK-WS	10	●		●	●			●				●	●	200	10			67	●				●

外形尺寸（Dimensions）

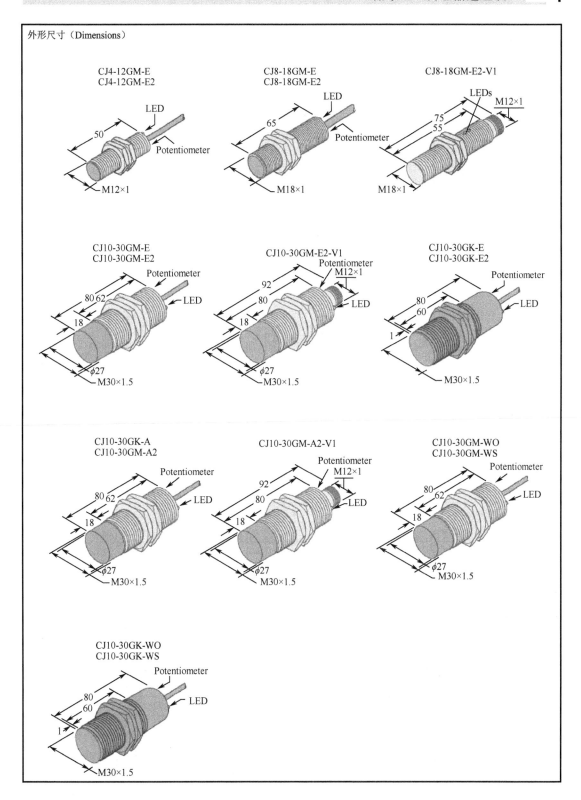

电容式传感器（Capacitive Sensors）
矩形（Rectangular type）◆F46，Varikont，FP
检测范围（Sensing range）：2～40mm

外壳材料：工程塑料（PBT/PVDF）

防护等级：IP65/IP67/IP68（EN 60529）

环境温度：-25～70℃

符合标准：EN 60947-5-2（电磁兼容管理）

IEC 60068-2-6（冲击实验）

NEMA ICS5-2000

F46 系列：可用扎带安装

工作形式	型号	感应距离(mm)	灵敏度调节	齐平安装	非齐平安装	螺纹安装	10~30V DC	10~60V DC	20~253V AC	NPN	PNP	常开	常闭	LED指示,红色	LED指示,黄色	最大负载电流(mA)	开关频率(Hz)	反极性保护	短路保护	防护等级IP	工程塑料级PBT	工程塑料级PVDF	电缆(2m)	连接器
DC 2 线																								
	CBN2-F46-E0	2			●		●			●		●		●		100	10	●	●	67	●		●	
	CBN2-F46-E2	2			●		●				●		●	●		100	10	●	●	67	●		●	
	CBN5-F46-E0	5			●		●			●		●		●		100	10	●	●	67	●		●	
	CBN5-F46-E2	5			●		●				●		●	●		100	10	●	●	67	●		●	
	CCN5-F46A-E0	5			●		●			●		●			●	100	10	●	●	68		●	●	
DC 3 线	CCN5-F46A-E2	5			●		●				●		●		●	100	10	●	●	68		●	●	
	CBN8-F64-E0	8			●		●			●		●		●		100	20	●	●	67	●		●	
	CBN8-F64-E1	8			●		●			●			●	●		100	20	●	●	67	●		●	
	CBN12-F64-E2	12			●		●				●	●		●		100	20	●	●	67	●		●	
	CBN12-F64-E3	12			●		●				●		●	●		100	20	●	●	67	●		●	
	CCN15-F64-E2	15			●		●				●	●		●		100	20	●	●	67	●		●	
	CJ15+U1+A2	15	●	●		●						●				200	10			65	●			●
DC 4 线	CJ40-FP-A0-P1	40	●		●			●		●		●		●		200	10			65	●			●
	CJ40-FP-A2-P1	40	●					●			●	●	●	●		200	10			65	●			●
	CJ15+U1+W	15	●	●					●			●				500	10			65	●			●
AC 2/3 线	CJ40-FP-W-P1	40	●		●				●			●	●	●	●	500	10			65	●			●

外形尺寸（Dimensions）

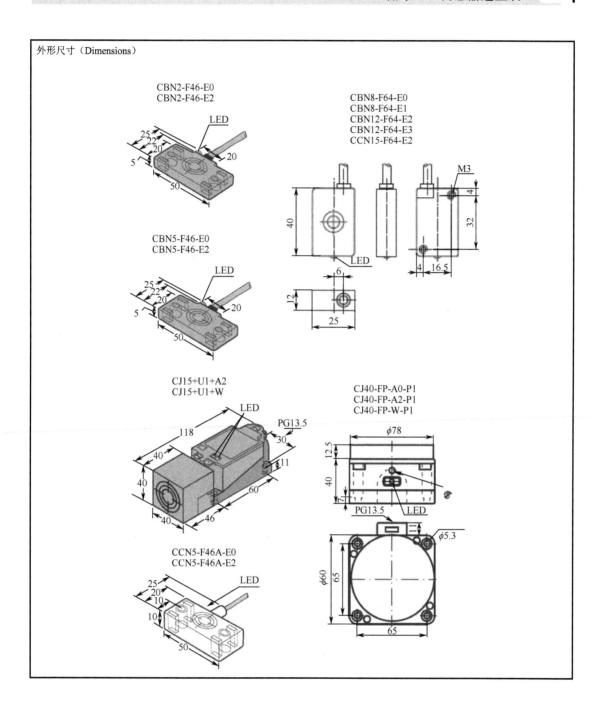

<table>
<tr><td colspan="2">磁式传感器（Magnetic Sensors）</td></tr>
</table>

磁式传感器（Magnetic Sensors）
M8，M12，F12
检测范围（Sensing range）：35mm，60mm

外壳材料：金属
尺　寸：螺纹 M8，M12
防护等级：IP67（EN 60529）
环境温度：−25～70℃
符合标准：EN 60947-5-2（电磁兼容管理）
　　　　　IEC 60068-2-6（冲击实验）
　　　　　NEMA ICS5-2000

工作形式	型号	Sn	安装方式			电源电压			输出								保护		连接方式	
		感应距离（mm）	齐平安装	非齐平安装	螺纹安装	8V DC	10～30V DC	10～60V DC	NPN	PNP	常闭	常开	环形 LED 指示，黄色	LED 指示，黄色	最大负载电流（mA）	开关频率（Hz）	反极性保护	短路保护	电缆（2m）	连接器
NAMUR	MJ35-F12-1N	35	●			●						●		●		1k			●	
DC 3 线	MB60-8GM50-E2	60	●		●		●			●		●		●	300	5k	●	●	●	
	MB60-8GM50-E2-V3	60	●		●		●			●		●	●		300	5k	●	●		V3
	MB60-12GM50-E2	60	●				●			●		●		●	300	5k	●	●		
	MB60-12GM50-E2-V1	60	●		●		●			●		●	●		300	5k	●	●	●	V1
DC 3 线																				
DC 4 线																				
AC 2/3 线																				

外形尺寸（Dimensions）

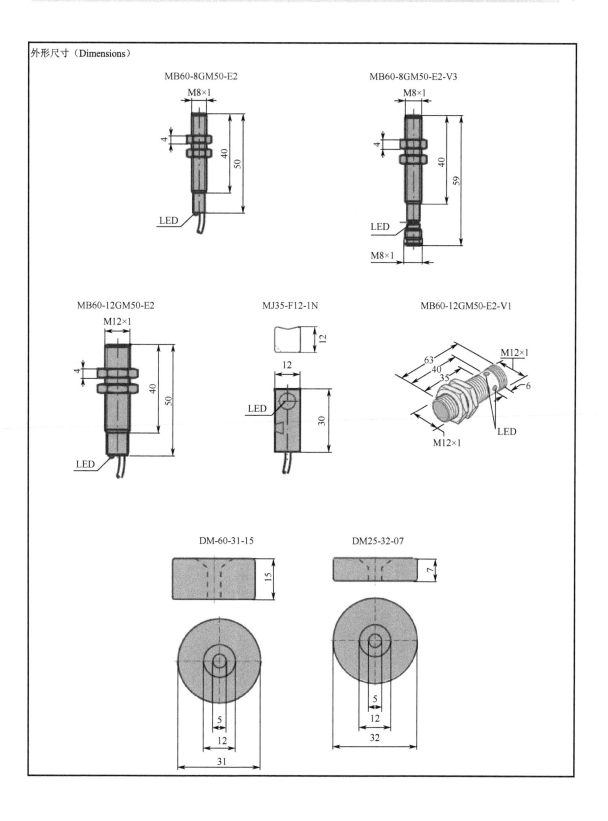

MB60-8GM50-E2

MB60-8GM50-E2-V3

MB60-12GM50-E2

MJ35-F12-1N

MB60-12GM50-E2-V1

DM-60-31-15

DM25-32-07

电气输出（Electrical Output）

电感，电容，磁式传感器（Inductive，Capacitive and Magnetic Sensors）

电气输出（Electrical Output）

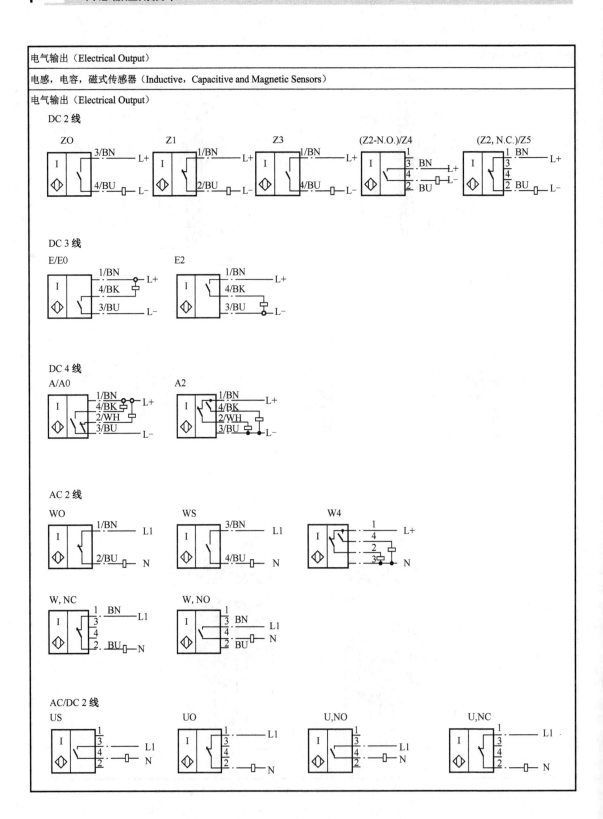

光电传感器（Photoelectric Sensors）
小尺寸矩形（Miniature rectangular type）
ML4.1 系列

IP65，ABS 外壳，M8 接口

性能优，精度高

防静电涂层和玻璃透镜

背景抑制型有 20mm，40mm，60mm，80mm 四种规格可选

推挽输出

红光和红外光型可选

工作形式	型号	感应范围	光种类		供电	输出							防护等级			连接方式	
		最大感应距离（mm）	灵敏度调节	可见红光 LED	红外光 LED	10～30V DC	推挽输出	亮通/暗通选择	LED 电源指示	输出预报警 LED 指示	最大负载电流（mA）	最大开关频率（Hz）	极性保护	短路保护	IP 等级	电缆（2m）	连接器
对射型	M4.1/MV4.1/40b/95/110	2.5m	●	●		●	●	●	●	●	200	500	●	●	65		V31
反射板型	ML4.1-54-F/40b/95/110	400		●		●	●	●	●	●	200	500	●	●	65		V31
	ML4.1-54-F/82b/95/110	400		●		●	●	●	●	●	200	500	●	●	65		V31
漫反射型	ML4.1-8-400/40b/95/110	400	●	●		●	●	●	●	●	200	500	●	●	65		V31
带背景抑制漫反射型	ML4.1-8-H-20-RT/95/110	20		●		●	●	●	●	●	200	500	●	●	65		V31
	ML4.1-8-H-20-IR/95/110	20			●	●	●	●	●	●	200	500	●	●	65		V31
	ML4.1-8-H-40-RT/95/110	40		●		●	●	●	●	●	200	500	●	●	65		V31
	ML4.1-8-H-40-IR/95/110	40			●	●	●	●	●	●	200	500	●	●	65		V31
	ML4.1-8-H-60-RT/95/110	60		●		●	●	●	●	●	200	500	●	●	65		V31
	ML4.1-8-H-60-IR/95/110	60			●	●	●	●	●	●	200	500	●	●	65		V31
	ML4.1-8-H-80-IR/95/110	80			●	●	●	●	●	●	200	500	●	●	65		V31

光电传感器（Photoelectric Sensors）

响应特性曲线（Sensing characteristics）

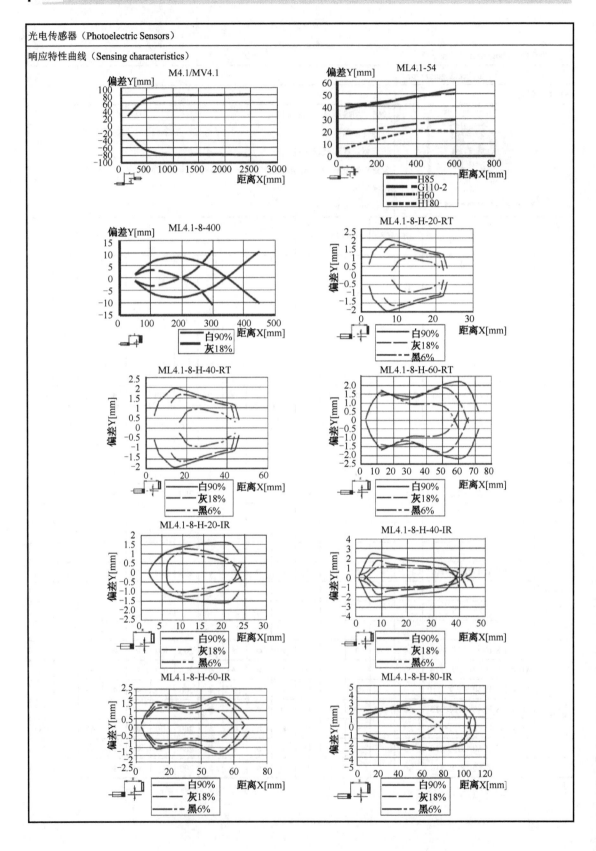

续表

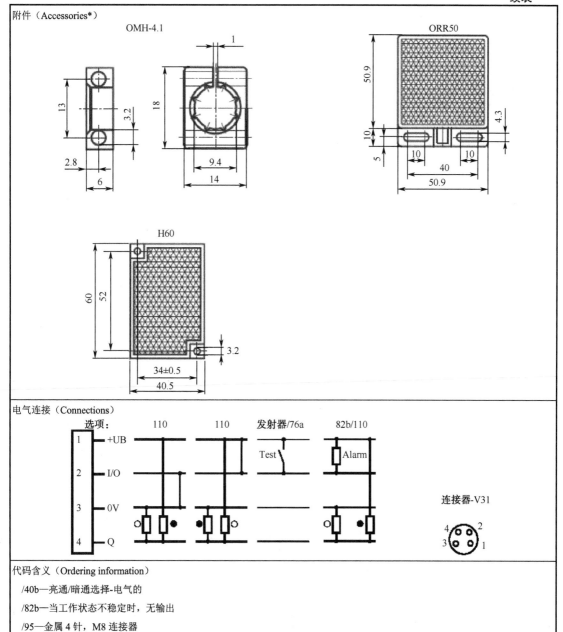

附件（Accessories*）

OMH-4.1

ORR50

H60

电气连接（Connections）

选项：   110   110   发射器/76a   82b/110

1 — +UB

2 — I/O

3 — 0V

4 — Q

Test

Alarm

连接器-V31

代码含义（Ordering information）

/40b—亮通/暗通选择-电气的

/82b—当工作状态不稳定时，无输出

/95—金属 4 针，M8 连接器

/110—推挽输出，短路保护，0.1A

光电传感器（Photoelectric Sensors）

圆柱形（Cylindrical type）◆M18

GLV18 系列

高性价比

塑料外壳，紧凑型设计

4 个 LED 指示灯 360°可见

出光口在前面或侧面

CE　c(UL)us　▣

工作形式	型号	感应距离 最大感应距离（mm）	灵敏度调节	光源 红光	工作电压 10~30V DC	输出 1NPN	1PNP	2PNP	LED输出指示	最大负载电流（mA）	最大开关频率（Hz）	防护等级 短路保护	IP等级	电气接口 3针连接器M12×1	4针连接器M12×1
对射型	GD18/GV18/25/102/159	25m		●	●	●			●	100	500	●	67	●	
	GD18/GV18/59/102/159	25m		●	●		●		●	100	500	●	67	●	
	GD18/GV18/73/120	25m		●	●			●	●	100	500	●	67		●
反射板型	GLV18-6/25/102/159	6.5m		●	●	●			●	100	500	●	67	●	
	GLV18-6/59/102/159	6.5m		●	●		●		●	100	500	●	67	●	
	GLV18-6/73/120	6.5m		●	●			●	●	100	500	●	67		●
	GLV18-6/25/103/159	6.5m		●	●			●	●	100	500	●	67	●	
偏振滤波反射板型	GLV18-55/25/102/159	4m		●	●	●			●	100	500	●	67	●	
	GLV18-55/59/102/159	4m		●	●		●		●	100	500	●	67	●	
	GLV18-55/73/120	4m		●	●			●	●	100	500	●	67		●
	GLV18-55/25/103/159	4m		●	●			●	●	100	500	●	67	●	
	GLV18-55-S/25/102/159	3.5m		●	●	●			●	100	500	●	67	●	
	GLV18-55-S/59/102/159	3.5m		●	●		●		●	100	500	●	67	●	
	GLV18-55-S/73/120	3.5m		●	●			●	●	100	500	●	67		●
漫反射型	GLV18-8-450/25/102/159	450	●	●	●	●			●	100	500	●	67	●	
	GLV18-8-450/59/102/159	450	●	●	●		●		●	100	500	●	67	●	
	GLV18-8-450/59/103/159	450	●	●	●			●	●	100	500	●	67	●	
	GLV18-8-450/73/120	450	●	●	●			●	●	100	500	●	67		●
	GLV18-8-200/25/102/159	200	●	●	●	●			●	100	500	●	67	●	
	GLV18-8-200/59/102/159	200	●	●	●		●		●	100	500	●	67	●	
	GLV18-8-200/59/103/159	200	●	●	●			●	●	100	500	●	67	●	
	GLV18-8-200/73/120	200	●	●	●			●	●	100	500	●	67		●
	GLV18-8-200-S/25/102/159	200	●	●	●	●			●	100	500	●	67	●	
	GLV18-8-200-S/59/102/159	200	●	●	●		●		●	100	500	●	67	●	
	GLV18-8-200-S/73/120	200	●	●	●			●	●	100	500	●	67		●

外形尺寸（Dimensions）

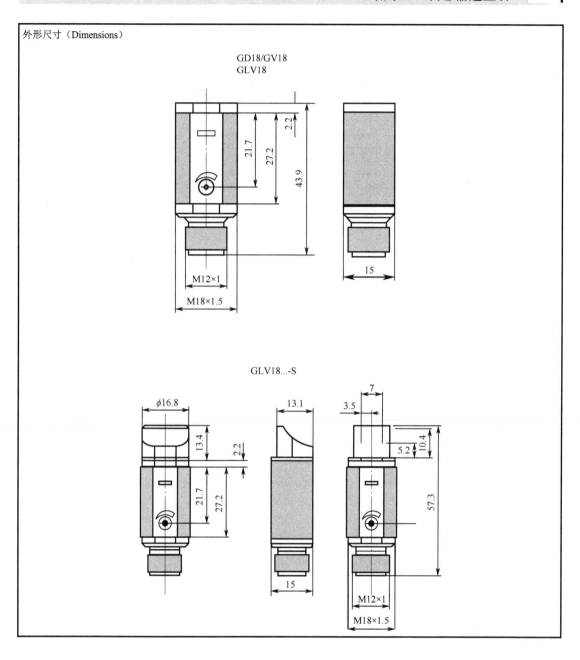

光电传感器（Photoelectric Sensors）

响应特性曲线（Sensing characteristics）

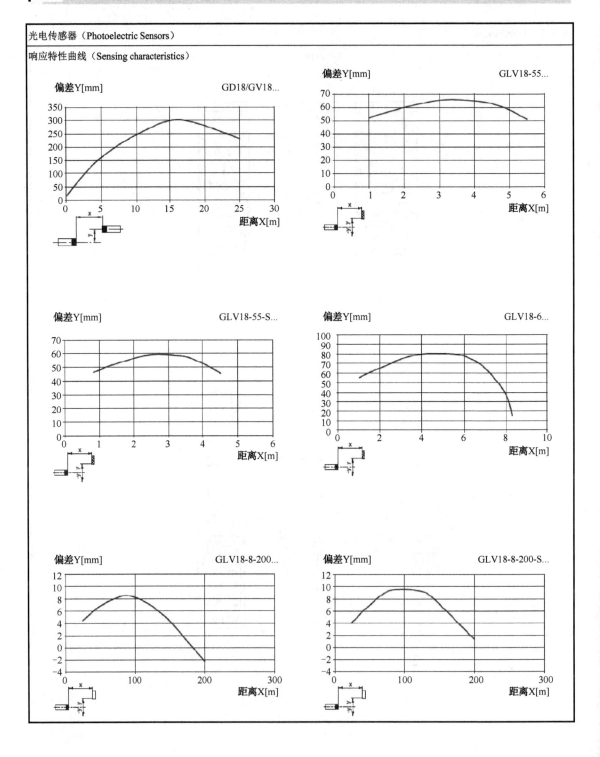

续表

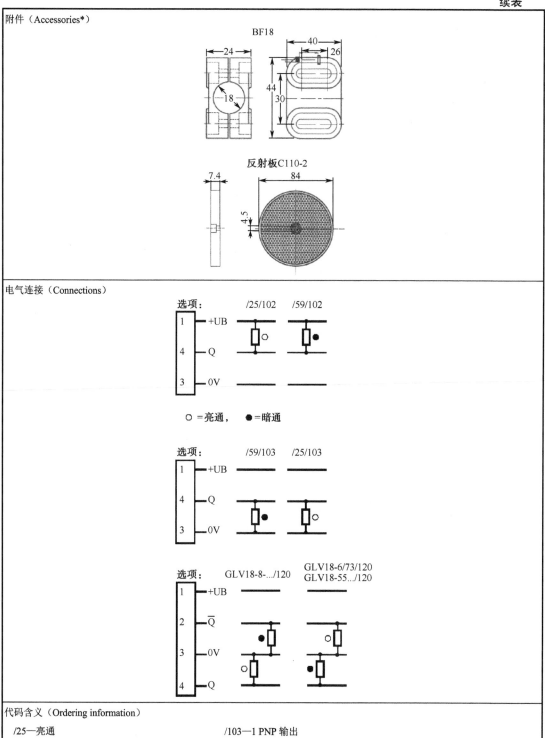

附件（Accessories*）

BF18

反射板C110-2

电气连接（Connections）

选项： /25/102   /59/102

1 +UB
4 Q
3 0V

○ =亮通， ● =暗通

选项： /59/103   /25/103

1 +UB
4 Q
3 0V

选项： GLV18-8-.../120   GLV18-6/73/120
                                GLV18-55.../120

1 +UB
2 $\overline{Q}$
3 0V
4 Q

代码含义（Ordering information）

/25—亮通

/59—暗通

/73—4 芯塑料插头

/102—1 NPN 输出

/103—1 PNP 输出

/120—2 NPN 输出

/159—3 芯，M12 连接器

光电传感器（Photoelectric Sensors）

槽形（Slot type）

GL/ML19 系列

坚固的 IP67，ABS 外壳，接插头形式

对射型原理检测

灵敏度可调

ML19 的高性能适合高精度检测，响应时间 2ms

工作形式	型号	感应范围		光种类		供电	输出							防护等级			连接方式	
		槽宽（mm）	感应度调节	可见红光 LED	红外光 LED	10~30V DC	1NPN 和 1PNP	PNP	暗通亮通选择	电源显示 LED	输出 LED	电大负载电流（mA）	最大开关频率（Hz）	极性保护	短路保护	IP 等级	电缆（2m）	连接器
特殊型	ML19	2			●	●	●		LO		●	200	10k	●		66	2	
标准型	GL10	10	●		●	●		●	●		●	200	2.5k	●	●	67		V3
	GL20	20	●		●	●		●	●		●	200	1k	●	●	67		V3
	GL30	30	●		●	●		●	●		●	200	70	●	●	67		V3
	GL50	50	●		●	●		●	●		●	200	70	●	●	67		V3
	GL80	80	●		●	●		●	●		●	200	70	●	●	67		V3

光电传感器（Photoelectric Sensors）

外形尺寸（Dimensions）

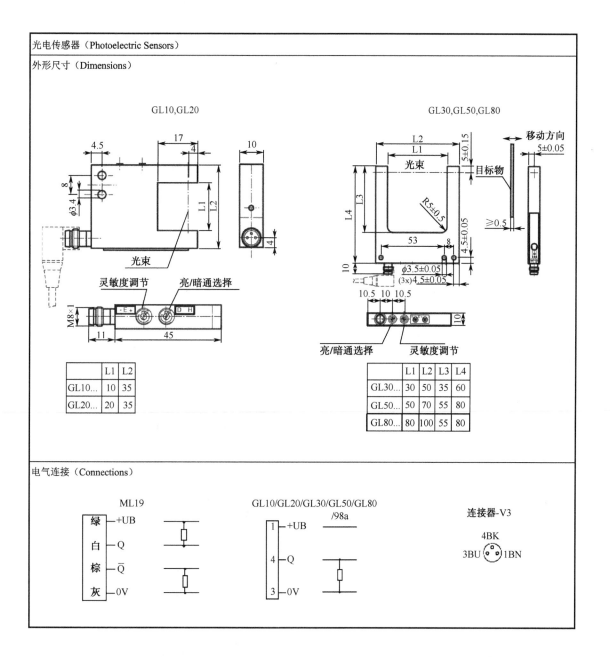

GL10,GL20

GL30,GL50,GL80

	L1	L2
GL10...	10	35
GL20...	20	35

	L1	L2	L3	L4
GL30...	30	50	35	60
GL50...	50	70	55	80
GL80...	80	100	55	80

电气连接（Connections）

原理和技术（Operating principles and technology）

倍加福的超声波传感器采用压电式
工作原理作为超声波发送器和接收
器

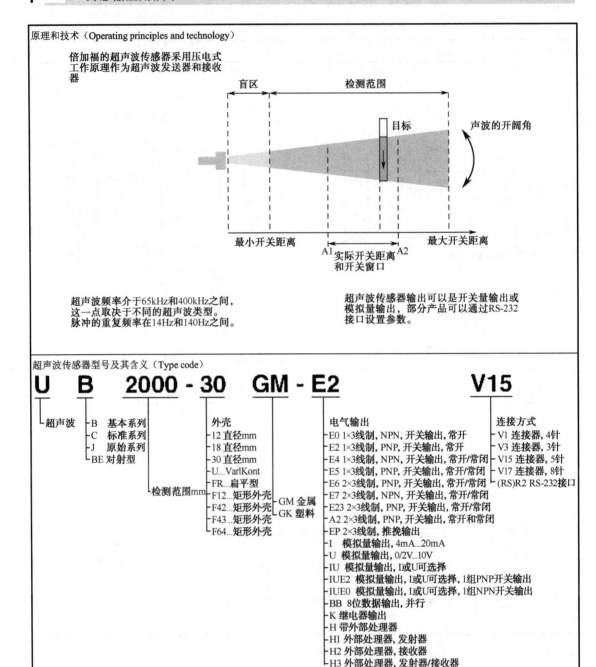

超声波频率介于65kHz和400kHz之间，
这一点取决于不同的超声波类型。
脉冲的重复频率在14Hz和140Hz之间。

超声波传感器输出可以是开关量输出或
模拟量输出，部分产品可以通过RS-232
接口设置参数。

超声波传感器型号及其含义（Type code）

| U | B | 2000 - 30 | GM - E2 | V15 |

超声波

B 基本系列
C 标准系列
J 原始系列
BE 对射型

外壳
- 12 直径mm
- 18 直径mm
- 30 直径mm
- U...VarlKont
- FR...扁平型

检测范围mm
- F12...矩形外壳
- F42...矩形外壳 —— GM 金属
- F43...矩形外壳 —— GK 塑料
- F64...矩形外壳

电气输出
- E0 1×3线制, NPN, 开关输出, 常开
- E2 1×3线制, PNP, 开关输出, 常开
- E4 1×3线制, NPN, 开关输出, 常开/常闭
- E5 1×3线制, PNP, 开关输出, 常开/常闭
- E6 2×3线制, PNP, 开关输出, 常开/常闭
- E7 2×3线制, NPN, 开关输出, 常开/常闭
- E23 2×3线制, PNP, 开关输出, 常开/常闭
- A2 2×3线制, PNP, 开关输出, 常开和常闭
- EP 2×3线制, 推挽输出
- I 模拟量输出, 4mA...20mA
- U 模拟量输出, 0/2V...10V
- IU 模拟量输出, I或U可选择
- IUE2 模拟量输出, I或U可选择, 1组PNP开关输出
- IUE0 模拟量输出, I或U可选择, 1组NPN开关输出
- BB 8位数据输出, 并行
- K 继电器输出
- H 带外部处理器
- H1 外部处理器, 发射器
- H2 外部处理器, 接收器
- H3 外部处理器, 发射器/接收器

连接方式
- V1 连接器, 4针
- V3 连接器, 3针
- V15 连接器, 5针
- V17 连接器, 8针
- (RS)R2 RS-232接口

超声波传感器（Ultrasonic Sensors）

圆柱形（Cylindrical type）◆12GM

最大检测范围（Sensing range（max）)：400mm

盲区小

开关量/模拟量输出

简单连接实现 Teach-in/UB-PROG3（编程工具）

检测距离可达 400mm

内部温度补偿

类型	型号	检测范围		供电		输出									保护		连接方式	
		最大检测范围（mm）	盲区（mm）	10~30V DC	15~30V DC	NPN .NO 或 NC	PNP .NO 或 NC	电流 4~20mA	电压 0~10V	负载阻抗（ohm）	出错，输出 LED	电大负载电流（mA）	最大开关频率（Hz）	反极性保护	IP 等级	电缆（2m）	连接器
反射型 M12	UB200-12GM-E5-V1	200	15	●			●				●	100	13	●	65		V1
	UB400-12GM-E4-V1	400	30	●		●					●	100	8	●	65		V1
	UB400-12GM-E5-V1	400	30	●			●				●	100	8	●	65		V1
反射型 M12	UB200-12GM-I-V1	200	15	●				●		300	●			●	65		V1
	UB200-12GM-U-V1	200	15		●				●	1k	●			●	65		V1
	UB400-12GM-I-V1	400	30	●				●		300	●			●	65		V1
	UB400-12GM-U-V1	400	30		●				●	1k	●			●	65		V1

外形尺寸（Dimensions）

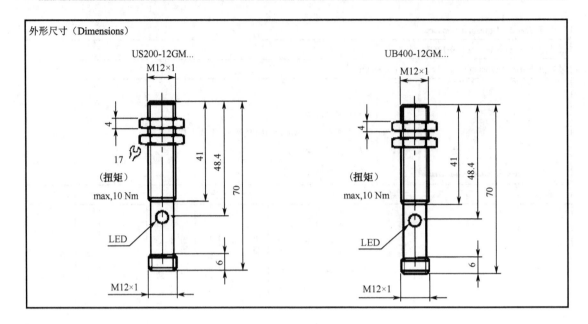

超声波传感器（Ultrasonic Sensors）

特性曲线（Sensing characteristics）

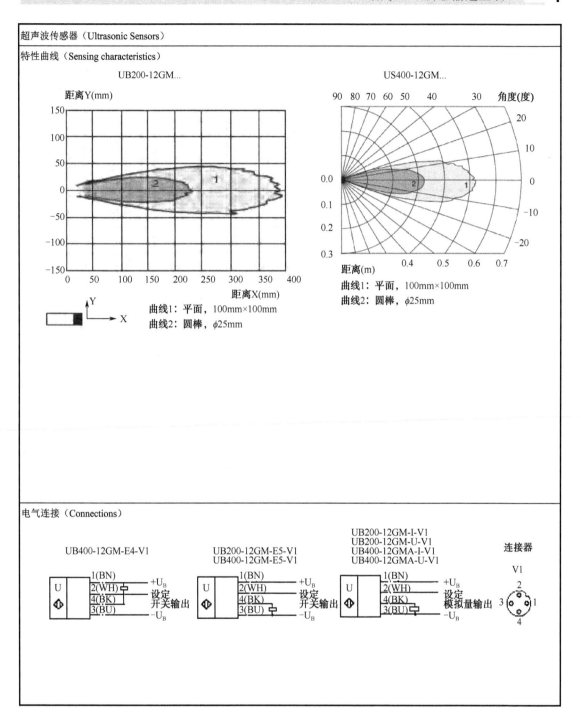

UB200-12GM...

距离Y(mm)

曲线1：平面，100mm×100mm
曲线2：圆棒，φ25mm

US400-12GM...

曲线1：平面，100mm×100mm
曲线2：圆棒，φ25mm

电气连接（Connections）

UB400-12GM-E4-V1

UB200-12GM-E5-V1
UB400-12GM-E5-V1

UB200-12GM-I-V1
UB200-12GM-U-V1
UB400-12GMA-I-V1
UB400-12GMA-U-V1

连接器

V1

超声波传感器（Ultrasonic Sensors）
圆柱形（Cylindrical type）◆30GM
最大检测范围（Sensing range（max））：6000mm

单开关 PNP/NPN 输出

通过简单连接实现 Teach-in/UB-PROG3（编程工具）

检测距离可达 6000mm

内部温度补偿

类型	型号	检测范围		供电		输出								保护		连接方式	
		最大检测范围（mm）	盲区（mm）	10~30V DC	18~30V DC	NPN .NO 或 NC	PNP .NO 或 NC	PNP .NO 和 NC	NPN .NO 和 NC	负载阻抗（ohm）	出错，输出 LED	电大负载电流（mA）	最大开关频率（Hz）	反极性保护	IP 等级	电缆（2m）	连接器
	UB500-30GM-E4-V15	500	30	●		●					●	200	10	●	65		V1
	UB500-30GM-E5-V15	500	30	●			●				●	200	10	●	65		V1
	UB2000-30GM-E4-V15	2000	80	●		●					●	200	3.3	●	65		V1
	UB2000-30GM-E5-V15	2000	80	●			●				●	200	3.3	●	65		V1
反射型 M30	UB4000-30GM-E4-V15	4000	200	●		●					●	200	1.5	●	65		V1
	UB4000-30GM-E5-V15	4000	200	●			●				●	200	1.5	●	65		V1
	UB6000-30GM-E4-V15	6000	350	●		●					●	200	0.8	●	65		V1
	UB6000-30GM-E5-V15	6000	350	●			●				●	200	0.8	●	65		V1
	UBE4000-30GM-SA2-V15	4000	0		●			●			●	200	15	●	65		V1
对射型 M30																	

外形尺寸（Dimensions）

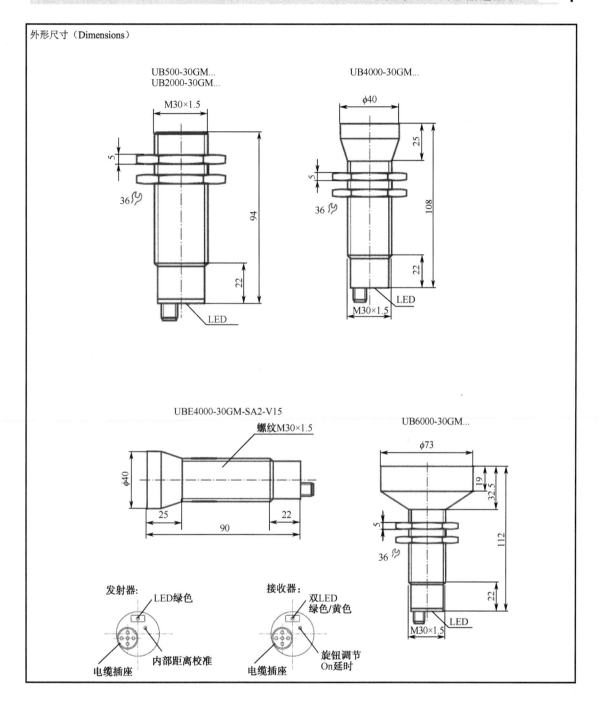

超声波传感器（Ultrasonic Sensors）

特性曲线（Sensing characteristics）

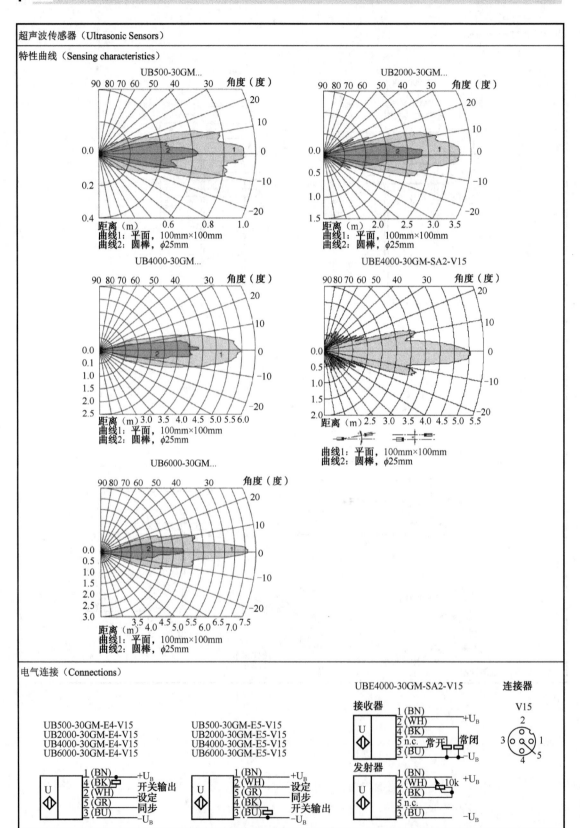

电气连接（Connections）

超声波传感器（Ultrasonic Sensors）
矩形（Rectangular type）◆FP
最大检测范围（Sensing range（max））：6000mm

单开关，双开关，模拟量（电压和电流）输出
可用 PC（"ULTRA"软件）设定
接线盒连接
精度<1mm
内部温度补偿

类型	型号	检测范围		供电		输出								保护		连接方式	
		最大检测范围（mm）	盲区（mm）	10~30V DC	20~30V DC	I=4~20mA 或 U=2~10V DC	NPN.NO 或 NC	PNP.NO 或 NC	2NPN.NO 或 NC	2PNP.NO 或 NC	出错'输出 LED	最大负载电流（mA）	最大开关频率（Hz）	短路保护	IP 等级	电缆（2m）	接线端子
反射型	UC6000-FP-E6-R2-P5	6000	800		●				●		●	200		●	65		●
	UC6000-FP-E7-R2-P5	6000	800		●					●	●	200		●	65		●
	UC6000-FP-IUE0-R2-P5	6000	800		●	*	●				●	200		●	65		●
	UC6000-FP-IUE2-R2-P5	6000	800		●	*		●			●	200		●	65		●

*如果负载≤500ohm（电流输出），如果负载≥1kohm（电压输出）

外形尺寸（Dimensions）

UB6000-FP-...

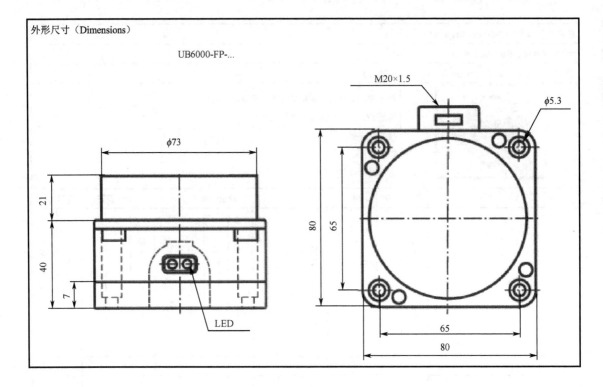

超声波传感器（Ultrasonic Sensors）

特性曲线（Sensing characteristics）

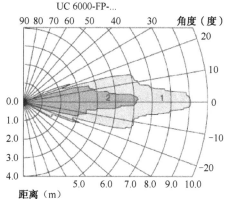

UC 6000-FP-...

距离（m）
曲线1：平面，100mm×100mm
曲线2：圆弧面，φ25mm

电气连接（Connections）

UC6000-FP-E6-R2-P5

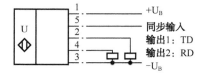

1 +U_B
5
2 同步输入
4 输出1：TD
3 输出2：RD
−U_B

UC6000-FP-IUE2-R2-P5

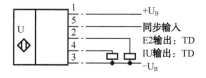

1 +U_B
5
2 同步输入
4 E2输出：TD
3 IU输出：TD
−U_B

UC6000-FP-E7-R2-P5

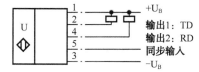

1 +U_B
2
4 输出1：TD
5 输出2：RD
3 同步输入
−U_B

UC6000-FP-IUE0-R2-P5

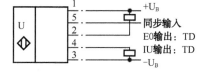

1 +U_B
5 同步输入
2 E0输出：TD
4 IU输出：TD
3
−U_B

参 考 文 献

[1] 盛克仁. 过程测量仪表. 北京：化学工业出版社，1992.

[2] 王永红. 过程检测仪表. 北京：化学工业出版社，2010.

[3] 孙洪程，翁维勤，魏杰. 过程控制系统及工程. 北京：化学工业出版社，2010.

[4] 林德杰. 过程控制仪表及控制系统. 北京：机械工业出版社，2009.

[5] 刘伟. 传感器原理及实用技术. 北京：电子工业出版社，2007.

[6] 张存礼，周乐挺. 传感器原理与应用. 北京：北京师范大学出版社，2005.